奋斗人生的启示

顾鸿翔　编

吉林人民出版社

图书在版编目（CIP）数据

奋斗人生的启示 / 顾鸿翔编. — 长春 : 吉林人民出版社, 2010.10（2021.3重印）
（青少年探索文库）
ISBN 978-7-206-07091-4

Ⅰ. ①奋… Ⅱ. ①顾… Ⅲ. ①人生哲学—青少年读物 Ⅳ. ①B821-49

中国版本图书馆CIP数据核字(2010)第192064号

奋斗人生的启示

编　　者:顾鸿翔
责任编辑:郝晨宇
吉林人民出版社出版（长春市人民大街 7548 号　邮政编码:130022）
印　　刷:三河市燕春印务有限公司
开　　本:700mm×970mm　　1/16
印　　张:13　　　　字数:110 千字
标准书号:ISBN 978-7-206-07091-4
版　　次:2010 年 10 月第 1 版　　印　　次:2021 年 3 月第 2 次印刷
定　　价:39.00 元

目 录

003

一、强者风采

强者的日历上，没有叹息和悲哀的位置。

强者是旗帜，总是迎着凄风苦雨升起来。

强者用汗水浇灌人生，懦夫用泪水淹没人生。

强者向人们提示的是确认人生的价值，弱者向人们提示的却是对人生的怀疑。

强者的人生不是没有苦恼，他的苦恼仅仅是短暂的间歇；智者的人生不是没有失败，他的失败仅仅是成功的插曲。

强者从不悲观，他坚信：夕阳逝去有星光，星光隐没有朝日。

真正的强者是那种具有自制力的人。

真正的强者不是要压倒一切，而是不被一切压倒。

真正的强者不论遇到什么痛苦与不幸，也决不会在生活的激流里沉没。

真正的强者并不是能压倒一切艰难困苦的人，而是不向任何艰难困苦屈服的人。

真正的强者往往面临更多的失败，因为他只有不断接受新的挑战才能永葆强者的魅力。

天下事业的成功是没有底的。满足是前进道路上的最大敌人。真正的强者，在登攀途中，不应该停顿，不应该轻易放弃任何一个有可能征服的高度。

生活的强者决不会对命运屈服，也决不会向生活“称臣”。

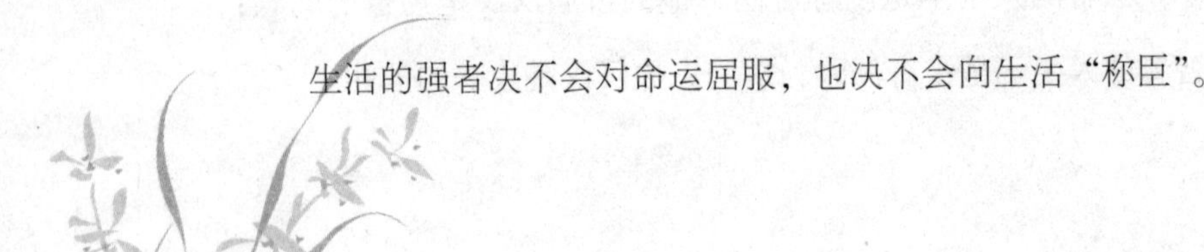

一个生活的强者，面对前进道路上的坎坷曲折、艰难困苦，应该是自强不息、奋力向前、直面人生。当你自强自力、奋然前行的时候，你会发现，原来生活并不是死胡同；当你无畏地抗拒谗言和诽谤的时候，你会觉得，自己身上隐藏着溶化冰雪的热力；当你用坚强的意志进行顽强斗争的时候，你会明白，一切邪恶困难都不过是欺软怕硬。

像枫叶，在严霜中那么火红；像松柏，在朔风中那么苍翠；像腊梅，在冰雪中那么傲然——那才是生活的强者。

什么事都可能遇到，这就是生活；什么样的境遇都不能把你打垮，这就是强者。

只有那些懂得控制他们的缺点，不让这些缺点控制自己的人才是强者。

虽然理想和现实之间有着一条不可逾越的长河，但“成功之舟”永远载着强者。

世上决没有靠编织谎言而成名的诗人，也决没有靠纸上谈兵而赢得胜利的将军。只有靠自身的素质、实力和价值，靠学、靠干、靠拼，才能真正成为强者。

生活时时刻刻在严峻地考验着每一个人。失败的苦楚是考验，成功的欢乐是考验；安逸舒适的环境是考验，贫病交加的生活也是考验。能经受得住生活给予的全部考验，才称得起是真正的强者。

在风平浪静的海面上驾驶船只并驱竞胜的不算好汉，当狂风恶浪骤起时能临危不惧、泰然处之的才是强者。

生活绝不会怜惜失败者。在挫折面前，勇者进，懦者退。人生的成功属于逆境中坚持崇高理想并奋勇进击的强者。

生活是一把锋锐的钢刀，它把弱者扼杀，把强者雕刻成巨人。

生活如大海。真正的强者并不是永不溺水的人。只有经受过风暴严峻的洗礼，最终战胜了厄运与沉沦而向着远方那新的地平线奋勇追寻的人，才是真正的强者。

有勇气承担风险是强者的秉性，有魄力左右命运是智者的特征。

在嫉妒的浪尖上越过，是强者；在吹捧的峡谷中冲出，是智者。

人类所有的力量，只是耐心加上时间的混合，所谓强者，是既有意志，又能等待时机。

天下事业的成功是没有底的。满足是前进道路上的最大敌人。真正的强者，在登攀途中，不应该停顿，不应该轻易放弃任何一个有可能征服的高度。

你可以不稀罕他人的恩赐，可以不垂青别人的荣耀，也可以不在乎命运的风雨，但你决不要蔑视机遇的忽然企及。真正的强者无时不在为机遇的到来而积攒着点滴岩浆般的力。

成功时不骄傲，失败时不气馁，这就是强者。

贫困与不幸对生活的强者是一笔财富。

豪情，是强者生活的壮歌，心田上飞溅的瀑布，生命的进行曲。

你能扮演一个强者的角色，是因为社会把你放在了那个位置上。

痛苦，是生活强者的磨刀石。

事业上的强者不是一帆风顺时的英雄，而是面对逆风不气馁，迎难而上的好汉。

对于强者来说，不幸也是火种，它能使你暗淡的人生燃起耀眼的希望之光。

是强者就应把困难踩在自己的脚下，是勇士总不会忘记冲锋！

历经生活的磨难和坎坷未必能成为生活的强者；要成为生活的强者，就必须战胜坎坷和磨难。

雄鹰，不因天空没有道路而放弃奋飞；强者，不因事业遇到挫折而停止追求。

走过泥泞路的强者，会更加珍惜坦途。

成功可喜但不可骄，可喜可骄的是从失败中站起来的强者。

大海里没有礁石激不起浪花，生活中经不住挫折就成不了强者。

“忍”以一种特殊的进取方式，造就生活的强者。

有人把自己看作是生活的主角；有人把自己看作是生活的配角。

有人把自己看作是生活的观众；而不屈服于命运的强者，却把自己看作是生活的编导。

所谓强者战胜不幸的秘方，就是他们没有任何秘方。

企望成功之路没有挫折那是一厢情愿。在强者眼里，挫折不是挡人前进的障碍，而是助人攀登的阶梯。

齿轮利用自身的残缺，传递了力量和速度；强者的生命如巨钟，在它被砸碎时会发出震撼山岳的音响。

自强者生命之火点燃了就不会熄灭，有志者顺风之帆升起了就不再降落。

以改革者坚定的跋涉、自强者韧性的进击、建设者蓬勃的活力，去创造现代化的昂扬旋律。

自强不息者从付出中享受快乐；软弱无能者从施舍中获得满足。

坚强者敢与厄运抗争，懦弱者却任厄运摆布。

坚强的人犹如软弱的人一样，会犯错误。但坚强的人勇于承认错误，并从中吸取教训，这就是他们坚强的缘故。

对于一个坚强的人，痛苦和不幸像铁犁一样开垦着他内心的大地，虽然痛楚，却可以播种。

一时的失误不会毁掉一个性格坚强的人。

一个能克服自身坏习惯的人就是强人。

自强是人生的根，没有它，生命之树很快就会枯萎。

人人心中有盏灯，强者经久不息，弱者遇风即灭。

能否从挫折中奋起，这是区别强者与弱者的分水岭。

痛苦是一道布满荆棘的崇山峻岭，能走出去者便是强者，走不出去者便是弱者。

失败是强者的垫脚石，是弱者的裹足布。

失败，对强者是逗号，对弱者则是句号。

一位勇于接受忠言的弱者，能在逆境中取胜；一个自以为高明的强者，能在瞬间从高峰跌入低谷。

凡生活的弱者，没有一个主宰于命运；凡生活的强者，没有一个屈服于不幸。

没有机会只是弱者逃避现实的一种借口，抓住机会才是开拓者强劲的誓言。

无路可走的情况只有弱者会遇到，真正的强者脚下都是路。

柔弱的人不能抵抗环境，所以只好让环境把他征服；坚强的人能利用环境的压力，产生更大的弹力，结果压力越大，跳得越高。

弱者在生命的市场上什么也买不到，他什么都说不理想，终于两手空空，但却支付了时间和生命。

弱者常常被不幸压倒，而强者则常常压倒不幸。

弱者总喜欢跟别人比，强者则善于超越自己。

弱者喜欢等待机会的降临，而强者则用拼搏去创造机会。

弱者是在眼泪的陪伴下沉浮际遇，强者是在顽强的拼搏中把痛苦变成欢乐。

挫折对于弱者是前进的休止符，对于强者是成功的铺路石。

因挫折而沉沦的是弱者，从挫折中奋起的才是真正的强者。

挫折就像一块石头，对于弱者来说是绊脚石，让你却步不前；对于强者来说是垫脚石，使人站得更高。

生活的真谛，不在弱者的哀怨叹息声里，而在强者不屈不挠的搏击奋斗之中。

人人皆有失败，弱者只记得失败苦痛，而强者则永志失败教训。

讥讽、挖苦、奚落是人世间的寒流，它只能冻僵弱者的灵魂，永远不会冷却强者的身心。

挫折，每一个人在生活的道路上总会遇到它。弱者在它面前叹息、绝望、停滞不前；强者在它面前挺胸、崛起、继续前进。强者也不是没有失望，只是他不会以毁灭自己来结束痛苦，而是在挣扎中获得新生。

坎坷，常常横亘在人生道路上，考验人们的意志。它会使弱者跌得一蹶不振，而对于强者，它是借以登上理想巅峰的石级。

困厄时不能消极、悲观，要像顺利时那样坦然和乐观；顺利时不能忘乎所以，要像困厄时那样清醒和谨慎。

困厄给人生带来不幸，但如果因此而成为人们怜悯的目标，那就是一种更大的不幸。

困厄中的奋斗是一种力量的表现，而且只有这种奋斗，才会激发出比日常生活多出若干倍的生命力量。

身陷困厄而心灵不为之所困，是最令人肃然起敬的。

黑夜使星光更为灿烂，困厄使青春更为葱绿。

谁若想在困厄时得到援助，就应在平时待人以宽。

厄运所产生的德行是坚韧。

厄运可以夺走人的一切，但不能夺走人的信心和勇气，因为这是人战胜它的唯一法宝。

厄运中曲而不折才有人生之路的转折，曲折中奋发不息才是生命之帆的张扬。

勇敢的心意味着不向厄运低头，智慧的心象征着拥有世界。

人人都渴慕幸运，殊不知厄运是另一种形式的幸运，它赋予你更具深刻底蕴的生命体验，使生命因此更会丰厚和富有。

不能以坚韧对抗厄运，这就加剧了人生更大的不幸。

一切幸运都并非没有烦恼，而一切厄运也决非没有希望。

幸运所需要的美德是节制，厄运所需要的美德是坚忍。

机遇，是经常会出现的。没有机遇，只是弱者的托词。然而，对那些胸无大志的人来说，机遇总从他们的手指缝中溜掉。

机遇，它极爱和人类开玩笑，对于那些一心一意躺着等候它的人，往往绕道而去；而对于那些并不把希望寄托于它的人，却偶然光临一次，给他以意外的惊喜。不过，它总是偏爱那些不乞求机遇、积极进取的人。

机遇，往往与执著追求和不懈奋斗的人拥抱，而与懒散怠惰和无所事事者无缘。

机遇时刻都在敲你的门，只不过时间短暂，稍纵即逝。一个有为青年应时刻准备接受更多的工作，承担更多的任务，同时相信自己一定会成功，千万别错过时机。

机遇，有时候需要等待，有时候需要寻找，而更多的时候则需要创造。

机遇不是等来的，而是靠自己争取来的，她往往垂青于有准备的头脑。

机遇对于每个人都是公平的，她不在等待中出现，更不在幻想中到来，她只偏爱那些时刻奋斗着的人们。

机遇对每个青年都一视同仁，但能不能拥有它，还在于各自是否不畏艰难，锐意进取。

机遇与成功之间的等号，就是两行不懈攀登的脚印。

机遇随时会在有我的地方降临。

机遇从来不会丢失，只是你错过的却被别人把握了。

机遇到来的时候总是格外耀眼夺目，弄不好你会将海市蜃楼也当作无限的真实。假如你此时已不乏勇气，那么你最要紧的无疑是紧紧抓住它，进而以更新的姿态和努力去期待新的机遇。

美好的机遇常常也会带来困难，最重要的是要有战胜困难的信心和开拓进取的精神。

获得机遇令人羡慕，而创造机遇则令人叹服。

当你为失去一次难得的机遇，而在“无可奈何花落去”的氛围里久久地懊恼不已的时候，你应认识到，失去机遇本身，就是下一次获得机遇的开端。

云朵的变化就像人的心和命运。人的心是天天都在变动，因此，人的机遇也是昨天不同于今天。

有人总埋怨机遇女神不公平。是呀，机遇女神对无所作为的乞求者不屑一顾，而对那些默默奋斗、专心创造的有志者格外偏爱。

有机遇就有选择，有选择就有希望。

人生最大的机遇就在于行动本身。

每一个有幸获得生命机遇的人，都是生活的胜利者。

许多人的失败不是因为他们没有成功的机遇，而是因为他们不敢开拓与进取。

靠观察，看准机遇；靠胆识，把握机遇；靠魄力，抓住机遇；靠智慧，发展机遇。

朋友，不要感叹命运的不公，虽然生活赋予我们每个人的机遇各不相同，但要相信“天生我才必有用”。

打棒球时，机会常伴危急而来；人生亦如此，当处在紧要关头时，机会往往会随之而来。所以，当处境艰难时，应想到曙光就在前头，把握机遇，奋力前行。

机会也许要等待，但自强不息一刻也不能停止。

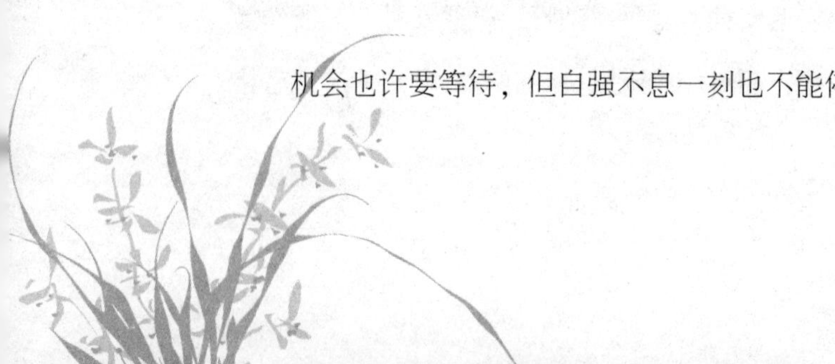

没有一位伟人曾经抱怨说：没有机会。

宁可机会辜负我，我决不辜负机会。

命运并非机遇，而是一种选择。在坎坷的人生旅途中，人不该听凭命运的安排，而应靠自己的努力创造命运。因为一个人的命运就在人自己的手中。

命运靠自己主宰，生活靠自己驾驭，事业靠自己奋斗，理想靠自己实现。

命运不会怜悯自暴自弃的人，而总是垂青那些自强不息奋力进击的人。

命运不相信眼泪。惟有用奋斗的双手，才能把握住人生的契机。

命运女神喜欢的只是藏在你心底的坚韧，奔流在你血液中的自信，从你眼球里喷射出来的胆识，在你前额上跳跃的敢于冒险的精神。

命运总是捉弄愚昧无知的人，对富于智慧的人来说，从来就是靠自己的智慧和能力来主宰自己的命运。

命运常常很像罂粟花，我们不得不加以小心。不错，命运的力量是强大的，但是还没有强大到能把人完全征服。

命运就是搏击奋斗，只有搏击才能站立，只有奋斗人生才有意义。

命运恰似手杖，它能依附你而行，可别忘记了你是主人。

命运就像生活，它既不能预支人生的幸福，也不能赊欠人生的苦难。唯有努力奋斗，做命运的主人，才能用自己的双脚踏出一条幸福之路。

命运的建筑师就是你自己！

向命运低头的人，命运也不会怜悯他。

只有两种人会相信命运，一个是命运的奴隶，一个是命运的宠儿。我们只有掌握自己，才会创造奇迹。

有人相信命运，也有人喜欢机遇。其实所谓命运，一切无非是考验、惩罚和补偿。平凡的人听从命运，只有强者才是自己命运的主宰，因为命运总是宠爱勇士的，而机遇也往往垂青那些懂得怎样追求它的人。

相信命运，成了命运的奴隶；不相信命运，成了命运的主人。

在命运面前，强者和弱者的区别仅仅是，前者因为不屈而抗争，后者因为屈服而束手。

与其抱着侥幸等待命运施舍，不如走进生活靠自己去奋勇拼搏。

敢于驾驭自己命运的人，一旦充分发挥自身的优势和潜能，硕果累累的金秋就会向他招手。

如果说命运是一匹烈马，那么请你当一名勇敢的骑手吧，在惊心动魄的驰骋中，你便会知道生活的大草原多么宽广美丽。

能够主宰命运的人，永远是那些心胸坦荡、乐观自信的人。

决定我们命运的不是我们的机遇，而是我们对机遇的看法。

轮换和交替是规律，也是命运，人生总是光明伴着阴影。

不论你是站着还是跪着，命运都会不加改变地到来。以为跪着就矮了一截，命运的风暴就会刮不到，这只能是一种天真。

不要咒骂不幸，不幸耳聋；不要埋怨命运，命运眼花。经常的咒骂和埋怨等于承认自己的脆弱，能干的事情似乎只剩下喊天骂地了。

在很多情况下，命运与人像是两个势均力敌的对手，胜负的可能各占一半。这时便用得着中国的一句古话：两军相逢勇者胜。

一切注定的命运是能够在人为的情况下而改变的，与其等待，不如奋斗。

贝多芬说，他要扼住命运的咽喉，如果我们没有贝多芬扼住命运咽喉的那份勇气，能给命运使个绊也是好的。

当我们备受命运折磨的时候，我们会嗟叹命运的不公平。当有一天命运对我们倍加青睐的时候，我们却会安然享受，不再去想命运是否公平。

原来，人们诅咒命运，只是在自己没有受到命运宠幸的时候。如此说来，命运并非像许多人感觉的那么不公平。人们所以常常感觉命运不公，有时是因为我们太不念命运的好，而太记命运的不好。

不知道对命运的反抗，就不会懂得什么是真正的人生。

朋友，当你徘徊在人生的十字路口，不要一味老是感叹命运的不公，不要对生活抱有任何侥幸心理，生活本来就是一部悲欢交响曲。

往前走，决不能把命运的纤绳，拴在青春的幻想上。

埋怨自己命运不济的人，忘却了命运的主人正是自己；感叹个人前途渺茫的人，忘却了延伸的路正在脚下。

驾驭不了命运的人，总是喊天。正因为总是喊天，始终也驾驭不了命运。

春风得意马蹄疾，固然是快意人生的一种境遇，然而，漫漫前路，自多歧途。不管背后的风将你的人生之帆吹得多快，你都要牢牢把住命运之舵。

未来的命运也许不能完全由自己来安排，但人生的道路却完全可以由自己来选择。

骄傲的人自称是命运的主人，谦卑的人甘为命运的奴隶。除此之外，还有一种人，他照看命运，但不强求，接受命运，但不卑怯。走运时，他会揶揄自己的好运；倒运时，他又会调侃自己的厄运。他不低估命运的力量，也不高估命运的价值。他只是做命运的朋友罢了。

不愿向命运俯首的人，才会征服命运；不愿向困难屈膝的人，才会战胜困难。

坐轿者虽然高高在上，命运却掌握在抬轿人手中。

机会全凭自己争取，命运要靠自己把握。既然生命是自己的画板，为什么要依赖别人着色？

将人生套上命运的枷锁，人生必定充满灰暗；将生活罩上奋斗的光环，生活则会充满阳光。

一个人也许会有别无选择的时候，但永远也不应有听天由命的时候。

自己不垮，山压不垮；自己不倒，雷打不倒。

要学那浓荫下的一棵小苗，在经受了暴风雨之后，依然向着远处的阳光，顽强地伸展出细小的枝叶。

是松，在悬崖缝中也能顽强生长；是梅，在风雨里亦会勇敢开放。

在汹涌的大海上航行，常常会遇到风咬船帆，浪打前舷，雷击樯桅，雨泼甲板，如果因害怕而退却，则没有出路；如果中途抛锚，必将耽搁时间；如果任其飘摇，就有触礁沉没的危险。勇敢者只有笑迎风浪，沉着冷静，谨慎驾驶，才有希望抵达胜利的彼岸。

只要天空中还有阳光在照耀，我们就不怕大海中还有浪涛。让别人去做象牙塔中的安乐王子吧，我们的使命却要战胜海上的风暴。

每座高山背后都有一道峡谷，人生途中怎能企望永远是平坦的大道？大海在风平浪静之后也会出现汹涌波涛。只有乘风破浪，勇往直前的人才能到达光辉的彼岸。

海里有和风碧波，也有狂涛巨澜；路途上有平坦大道，也有峭壁悬崖。真正的航行者，能稳把船舵，破浪疾进；真正的跋涉者，能披荆斩棘，勇往直前。

世上没有比脚更长的路，也没有比人更高的山。

只要肯于迈步，腿总比路长。

柔软的沙发，容易使人昏昏欲睡，崎岖的山路，却能使人精神焕发。安逸舒适的生活，容易消磨人的意志；紧张火热的斗争，却能增添人的锐气。

要行千里路，就不怕山河阻拦；要登万仞山，就莫畏悬崖峭壁；要攻科技关，就别惧千难万险。

对于不屈不挠的斗士来说，人生最快活、最惬意的，就是在那被对手狠狠地摔倒后，又挣扎着爬起来去决斗。

弓既然举起，就要射出有力的一箭；船已经开出，就要迎接巨浪的考验；生活的道路一经选定，就要勇敢地一直走下去。

志存高远者敢把艰难险阻脚下踩；胸无大志者脚踏坦途如临峭壁悬崖。

如果摔倒以后，你能勇敢地爬起来，你就会发现前景是多么的广阔。

坚定的意志，能使一个平庸的生命变成伟大，也能使一双笨拙的手变得灵活有用，更能使一副普通的头脑成为聪明不凡。有了它，你会生气勃勃，精力充沛，永远不会感到疲乏和厌倦，从而成功的人生，自然就在你的掌握中。

二、攀登奋斗

在攀登的道路上，如果遇到丛生的荆棘，要有岩石的意志；在跋涉的长途中，如果遇到冷落的荒漠，要有骆驼的耐力！

在攀登事业高峰时错过的生活享乐，只会产生瞬间的遗憾；沉湎于生活享乐而停止对事业高峰的攀登，却会铸成终生的悔恨。

勇于攀登拼搏的人，甜蜜的果子总有一天能够尝到；懒惰和昏庸的人，永远只能望果兴叹。

勇敢地向上攀登，别怕驻足平地者将自己看得越来越小。

要勇于攀登，敢于创新，成功只来自智慧，不来自年龄。

没有激流，谈不上勇进；没有险峰，称不上攀登。

有了攀登时的坚强毅力，才有到达顶峰时的心旷神怡。

用幻想建筑的乐园是飘忽的云雾，只有坚持攀登才有希望到达理想的国度。

幸运之神总是垂青那些在攀登之路上奋勇拼搏的人。

以信心和勇气战胜艰难，用谦虚和谨慎去攀登高峰。

由学校伸展出的生活之路是崎岖的。勇敢者，可在攀登陡峭山路之中寻找到自己的最佳位置；怯懦者，会被巍峨的群山吓倒，本来属于自己的也不敢去摘取。愿青年朋友都成为逢山开路、遇水搭桥的勇士。

如果你想领略奇山峻岭的壮美，就必须先沿着崎岖的羊肠小道，一步一步地向顶峰攀登。

不管多么陡峻的高山，总为不畏艰险的人留下一条攀登的途径。

在执著的登攀中，高山会愈来愈变矮；在不懈的拼搏中，人生将越来越高大。

不怕风吹雨打，扬帆前进，就能感受大海的磅礴气势；不怕悬崖绝壁，敢于登攀，就能领略山川的壮丽风光；不惧艰难险阻，一往无前，就能体会创造的欢乐幸福。

立志登攀的人，不畏山高路险；刻苦求知的人，贵在持之以恒。

山在攀登者的足下永远是矮的。

勇敢的攀登者，以滚烫的汗水谱写英雄进行曲；颓废的懒懦者，以失望的眼泪写下潦倒伤心调。

在勇敢攀登者的眼里，再陡峭的峰峦也是脚下的地平线。

在勇于攀登者看来，没有比人更高的山峰。

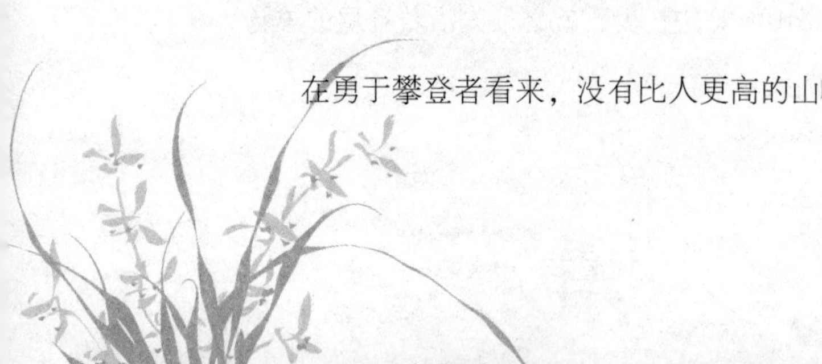

未来，是一位科学的姑娘，只对立志攀登者钟情；面对于纨绔之辈的求爱，她将板起严峻的面孔。

一个有志于成才的青年，不应期求征途会是一马平川，也不应满足于奋斗中的一得之功。而应不断地超越自我，披荆斩棘，做崎岖小路上不畏劳苦的攀登者。

事业成功的道路没有捷径。只有那在通向事业成功的崎岖山路上不畏艰险，不怕牺牲，百折不挠，奋勇攀登的人，才有可能排除种种干扰，克服重重障碍，取得光彩夺目的成就。

善于奋飞的人天上有路，敢于攀登的人山中有路，勇于远航的人海里有路。

敢于披荆开路者，总能先睹朝晖；敢在浪尖上弄潮者，总会最先领略大海的姿容；饱览险峰雄姿者，当属敢于攀援的英雄。

攀上奇峰险峦的全部秘诀在于：认真走好平凡的每一步。

当你跪着时，眼前的山峰显得高不可攀；当你迈动双脚把它踩在脚下时，它就变得十分渺小了。

有位不知名的诗人在悟尽生命的滋味时写道：我因为没有鞋子心里感到难过，我走到街上，竟然看到一个没有脚的人。人如果能将自己的磨难看得微不足道，把自己的忧虑当成微小景观，那么，还有什么困难不能战胜，还有什么峰巅高不可攀呢！

擦去悲伤的泪，让我们相互搀扶着，在事业的崎岖山路上奋勇前行，并大声宣告：绝顶并非高不可攀。

谁也不能一跃而登上顶峰，真正使有成就的人出类拔萃的，是他们坚忍不拔的意志——不管征途何等崎岖不平。

只有敢于冒险的人，才能在悬崖峭壁上筑起登山之梯。

在人生的征途上，只有矢志不渝地开拓，才能赢得光辉的未来；只有坚韧不拔地进取，才能到达幸福的乐园；只有顽强不息地攀越，才能登临理想的峰巅。

大道，有直有弯。弯的是弓，直的是弦。不要害怕弯路，走过弯路才知有捷径可攀；不应惧怕教训，有了教训才有经验可谈。

奋斗吧！只有不懈地奋斗、开拓，生活才会给你一支春天的歌，岁月才会给你一条闪光的路。

奋斗吧，为了美好的理想，哪怕倒在前进的路上，灵魂还挺立着。

奋斗是冬天的花，成功是春天的草。

奋斗是人生的旗杆，精神是飘扬的旗帜。

奋斗，是为了追求有价值的人生，而决不仅仅是为了成功。

奋斗是血液，不使生命枯萎；事业是纯盐，不使生活寡淡。

奋斗是增长才干的学校，挫折是走向真理的桥梁。

奋斗有可能失败，但不奋斗便是最大的失败。

奋斗有可能失败，但不奋斗永远别想成功。奋斗之路从来就是在困难和挫折中开辟出来的。

奋斗的旗帜，在困苦中升了起来，在享受中降了下去。

奋斗的瓜蒂是苦涩的，但它分娩出的却是成功的甜蜜。

在奋斗的天平上，一颗饱满的汗珠，其分量胜过无数空洞的泪珠。

羡慕别人的人，只要他奋斗，也同样会获得别人的羡慕。

崇高的理想，是长在高山悬崖上的鲜花。若要采摘它，奋斗便是攀登的绳索。

常绿的人生三角洲，是在事业和知识的沃土上，经奋斗的汗水冲刷而成的。

如果志向和事业能焊接，那么，最好的焊条是创造和奋斗。

接近上帝不如接近朋友，依靠恩赐不如信仰奋斗。

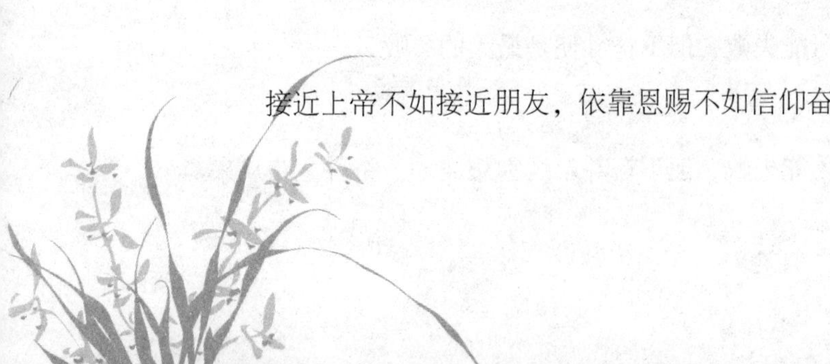

劳动不仅仅是人类谋求生存的需要，劳动是创造、是发展，奋斗便是它永恒的内涵。

离开本身的事业与奋斗目标，去作缥缈的寻觅，企望爱神的降临，这犹如自己对自己讲一则“猴子捞月”的故事一样可笑。

历史是久远的，无数的生命在其间闪光。想在历史上留下一颗星，就要脚踏实地地去奋斗。

伞在风雨中实现自我价值；人在奋斗中展示美丽人生。

人，只有在奋斗中才能找到自我价值；失去了奋斗目标，就失去了生存的意义。

紧紧勒住了奋斗之缰，才能驾驭命运的烈马。

只有找到了奋斗的支撑点，人生的脚步才能从虚浮走向充实。

人生的价值在于奋斗，生活的真谛在于追求。

追求是一条无止境的路，奋斗是一支无休止的歌。

许多成功者的诀窍在于：在奋斗中能战胜自己。

青春、信仰、幸福犹如一颗颗闪闪发光的明珠，若没有奋斗的绳线将它们串起就会失落。

如果把奋斗的目标、付出的汗水和成功的硕果列出一个化学方程式，那么，催化剂应是正确的方法。

不耕耘，不播种，再肥沃的土地也只能是杂草丛生；不奋斗，不创业，再美好的青春也只能是年华虚度。

企求幸福而不去奋斗，得到的至多只是甜蜜的梦。

苍鹰不畏天高路远，是因为眼睛盯着巍巍的山巅；强者勇于不懈登攀，是因为心中装着奋斗的宏愿。

与其沉溺于对别人成绩的羡慕，不如及早投入奋斗之中，创造出让人羡慕的成绩来。

寻找过去已经失去的，不如展望未来可以追求的；叹息过去已经错过的，不如奋斗未来可以把握的。

假如把彩虹当作通向幸福的桥梁，那么你永远也到达不了彼岸；面对回音壁空喊，得到的不过是自己的回音；希求幸福而不去艰苦奋斗，得到的只能是甜蜜的梦幻。

一个人的奋斗目标，如果像自己的“影子”一样，忽长忽短，时有时无，到头来只能是一事无成。

以梦想寄托的人生，一生都只会是一个梦想，而没有梦想的人生，最终只能是单调的重复。只有奋斗和拼搏，才能使人生梦想成真。

当你在做着成功的梦时，你是否知道，载着你所有梦幻的方舟，正期待着你荡起奋勉的桨。自恃才高而不奋斗，你的梦只能腐朽。

奋斗者的脚印，是通向理想峰巅的路标；怯懦者的足迹，是滑向悬崖谷底的记录。

奋斗者在汗水汇集的江河里，将事业之舟驶到了理想的彼岸。

奋斗者不一定人人成功，但不奋斗者却连成功的希望也没有。

奋斗者不应在生命的时间表上留下任何空白，而应用蘸着热血的笔在生命时间表的每一格里写下对人民事业的无限忠诚。人的生命总有一天要结束，但奋斗者用热血写成的壮丽诗篇，将永不褪色，彪炳千秋。

在奋斗者眼里，成功是一条宽阔的大道，失败是指示前程的路标。

在奋斗者眼里，理想是岸，生命是船，命运就是手中的双桨。

艰苦奋斗者，性情是开朗的，品格是高尚的，作风是朴素的，精力是旺盛的。

胜利属于最坚强的人，属于坚持不懈的奋斗者。

走别人走过的路虽然省力，却很难留下自己的足迹；走自己开辟的路虽然艰难，却留下了奋斗者艰苦创业的轨迹。

把自己放在自己的空间，你会发现生活得并不那么黯然，每个脚踏实地、奋斗不息的人都有自己的欢乐。

只有经过奋斗拼搏的人，才能去叩开机遇的大门。

有了图强之志，还要有自强不息的精神。日月运行，万古长新；江河奔流，不舍昼夜。大自然是自强不息的，奋斗者在前进的道路上亦应自强不息，不达目的，决不罢休。

铁跟石头相碰，会迸发绚烂的火花；奋斗者钢铁般的意志与前进道路上的困难相遇，会迸射斗争的火花，闪耀智慧的光芒！

拼搏不是摘取，永存的业绩离不开牺牲。

拼搏的汗水淘尽磨难的沙石，你定会看到闪光的金粒。

奖杯盛满的是拼搏的汗水，洋溢的是成功的琼浆。

雄鹰在高山巅寻求欢乐，燕雀在屋檐下企求安宁；拼搏能造就天才，而安逸只会产生庸人。

只要心在跳动，就要努力学习和工作，就要顽强抗争和拼搏，用生命的火花去照亮通往未来的征程。

唯有拼搏方能于青春之弦上奏出时代的最强音。

自暴自弃犹如人生长河中的漩涡，你有可能被它无情地吞没；当你充满自信地奋力拼搏，你就能征服它，劈波斩浪到达成功的彼岸。

瀑布的壮观成因于勇敢的跌落，人生的价值表现于奋勇的拼搏。

成功的机遇并非人人可得，但拼搏的机会人人都有。问题只是你有没有拼搏的准备、勇气、毅力和信念。

只要扬帆，便会八面来风；只有拼搏，才能获得成功。

只有在不懈的努力、追求和拼搏中，生活才能五彩缤纷，绚丽多姿。

自强诞生在顽强拼搏之中，成熟在勇排阻力之后。

离开拼搏和竞争，举不起革新和创造的旗帜。

人们总在祈求自然的恩赐和祝福，自然总在祈求人们的宽恕和爱护。只有靠清醒的头脑和顽强的拼搏，才能够清除掉民族的软弱和苍白。

搏击在人生的大海，跃上浪尖时不要沉迷陶醉，跌入浪谷时不要悲观沉沦。

只有不断地搏击、奋斗，才会感受到人生的历程是多么的宝贵。

想撷取生活的浪花，就应做一名搏击生活激流的水手。

不要因为昨天的痛苦而怀疑明天的甜蜜。抬起头来，勇敢地追求吧，真正的快乐属于那些敢于同风浪搏击的弄潮儿。

历史的轮印，在坎坷路上起始，并将在搏击中伸向未来的世纪。在战火中冲锋陷阵是搏击，在建设工地上挥洒汗雨是搏击，用清凉的理智之泉冷却成功后昏热的头脑是搏击，靠不熄的信念之火走出挫折与不幸的寒夜是搏击，叱咤赛场争魁夺标是搏击，苦读学海攀登书山也是搏击。人生的旅程，因为充满搏击而倍加壮丽。

只在松软的沙滩上行走的人，不会踏出属于自己的路；只有到浩瀚的大海中搏击的人，才会唱响属于自己的歌。

有志者在搏击中腾飞，无志人在享乐中沉沦。

人的一生好比船在大海上航行，不可能永远一帆风顺。狂风怒涛，险滩暗礁，所有这些其实都不是什么艰难和困扰。你是自由的，只要有勇气、有信心，你就永远可以去搏斗，去尽享人生奋斗的快乐。那博大的蔚蓝色的流动与激昂的雪白的汹涌，会赋予你的人生一种勇敢者、胜利者的风采。倒是风平浪静与波澜不兴，恰恰是航船的一种寂寞。

一蹴而就的事自古无有，成功永远属于拼搏者。

毅力是巨大而神奇的雕刻石，只有牢牢握住它，便能在人生的坚石上，刻下卓越的痕迹。

毅力是燃料，没有它，理想的火箭就不会升腾。

毅力是理想的脊椎骨，有了崇高的理想，向上的要求，如果没有坚强的毅力作为支柱，就会瘫痪，无法前进。

毅力像一把闪光的斧子，在攻克科学堡垒的通路上，它能披荆斩棘，开路架桥。

毅力，使渺小变得伟大，使艰难变得顺利；使落后跃为先进，使失败跃为成功；使虚幻成为现实，使贫穷成为富有。

毅力，就是坚韧不拔地努力，永无休止地奋斗。精卫填海，蚂蚁搬山，水滴石穿，靠的是毅力。没有毅力的人，成功与他无缘。

毅力不会与生俱来，在与艰难困苦的顽强搏击中，毅力便会在身上萌生。

顽强的毅力可以征服世界上任何一座高峰。

挫折犹如聚光，它能照亮你奋进的道路；毅力好似车轮，它能推进你向前的里程。

世上本没有愚蠢，愚蠢的症结往往是缺乏坚持不懈的毅力。聪明的奥秘，就在持之以恒、永不松懈地去追求一个目标。

没有压力毅力，缺乏进取精神，难以成就事业。

决心只是一瞬即逝的火花，没有毅力去点燃，很快就会熄灭。

不断悔恨，不断宽容，生命就这样消逝。没有坚强的毅力，斗志焉能实现？

漫漫人生路，少不了苦难和挫折。因此，生活需要自信和毅力。

马凭铁蹄，踏遍草原；人靠毅力，踏平坎坷。

在攻关途中，阻力并不可怕，可怕的是没有毅力。物理学上，电流强度越大，电阻就越小。学科学、搞尖端，毅力跟阻力也成反比，毅力越强，阻力就越小。

能渡过惊涛骇浪、远涉重洋而达到彼岸的，必然是毅力顽强的水手，而不是吟风弄月的游客。

逆境是人生的筛子，它挑选的是强者，淘汰的是弱者。

逆境是通往成就的大道。

逆境是一所培养强者的名牌学校。

逆境是一所从不滥发文凭的人生大学。

逆境是生活赐予给人用以锻炼性格的铁锤。对于懦弱的人来说，忍受只意味着对逆境的无能为力，而真正的人为能够起来战胜逆境而感到自豪。

逆境，既是倾覆弱者生活之路的波涛，又是锤炼强者钢铁意志的熔炉。

逆境中的挣扎比顺境中的沉沦更有意义；困境中的奋起比平安时的叹息更有作为。

一次逆境的尝试，便知顺境的不易；一次顺境的成功，伴随而来的又往往是逆境的困扰。因此，逆境不可失志，顺境不可忘形。

逆境使人深刻地认识自己。

逆境可以造就人才，也可以使人才夭折。能在逆境中成长者，都是百折不挠的强者。

逆境有一种特殊的科学价值。一个聪明人是不会放弃向挫折学习的。

逆境并不可怕，可怕的是在逆境中丧失了前进的勇气和信心。

在逆境中，与其牢骚满腹、自暴自弃，不如勇敢面对、奋起抗争。

在逆境中，要看到生活的美好；在希望中，别忘记不断地奋斗。

处于逆境中的人，奋起的关键是把自己看作生活的主角，看作生活的编导，去雕塑、去完善一个崭新的自我。

生活中每个人都会面临命运的挑战，在逆境里比在顺境里更要自强不息，遭厄运时更要保重情操和身心。

处顺境时要能节制，处逆境时要能坚韧。

生活展现在我们面前的不是逆境，便是顺境。身处逆境时，只要沉着冷静，奋勇拼搏，定会化逆境为顺境；身处顺境时，若不百般珍惜，千般利用，也定会由顺境的浪峰跌入逆境的低谷。愿你我在逆境中崛起，在顺境中奋飞。

耐不得寂寞，便耐不得人生逆境。

天才的成就不一定需要逆境，但生活的逆境却可以造就天才。

在事业上遇到逆境时，能继续站在高坡上，面对困难微笑的人，是值得钦佩的。因为在他的心底蕴藏着一颗战胜困难取得胜利的种子。

别自怨自艾个人遭遇的不幸，月有阴晴圆缺，人有旦夕祸福，人生有不如意的事，三灾六难，五劳七伤，在所难免。而对人生有透彻了解的人，是决不会在逆境中自甘沉沦的。

人逢顺境不逞强，身处逆境不示弱。

懦夫虽有双脚，却迈不过低矮的山梁；勇士虽无翅膀，也能翱翔于无垠的蓝天。

懦夫把困难当作沉重的包袱；勇士把困难当作前进的阶梯。

懦夫用失望的泪水去乞讨别人的同情和怜悯；勇士用拼搏的汗水去赢得别人的承认和赞扬。

在懦夫的眼里，干什么事情都是危险的；而热爱生活的人，却总是蔑视困难，勇往直前。

困难，在懦夫面前耀武扬威，而在勇士面前屈膝投降。

世俗的轻薄，对于懦夫，是深深的泥淖；对于勇士，却是一种强大的动力。

勇士脚下没有绝路，懦夫跟前尽是阴影。

挫折和失败只是人生的一个门槛，决不代表整个人生。对于人生之路上奋勇进击的勇士，脚下没有什么迈不过的门槛。

前进的理由只要一个，后退的理由却要一百个。许多人整天找一百个理由证明他不是懦夫，却从不用一个理由证明他是勇士。

朽木不因春天的到来而开花，懦夫不因年轻的时代而奋发。

志在极顶的人，不会畏其山高；志在溯源的人，不会惧其河远。只有懦夫懒汉，才会遇山绕开走，逢水转回头。

高山之巅，只有傲雪青松挺立；崎岖山路，只能被攻关勇士踏平。

在高温的钢炉里，浮在钢水表面的是杂质；在向现代化进军的征途中，躺在困难上面的是懦夫。

懦夫匍匐在地，感到每一座山都高不可攀。

冰峰之巅的雪莲，永远不会被懦弱者摘取。

幸运之梦慰藉不了懒散的懦夫，险恶之梦恐吓不倒勇敢的战士。

懦弱的人永远用愁苦去挖掘；坚强的人始终用奋斗去开垦。

真正的勇士，永远没有悲剧；失败了，仍是一位英雄。

一切冷嘲热讽，一切流言蜚语，只能吓倒目光短浅的懦夫，却阻挡不住猛士的步伐。

倒下去的是懦夫，而不是男子汉。

妄想在漫长的征途上顺水行舟的人，他的终点一定在下游。只有敢于挂起风帆，逆流而上的勇士才能争得上游。

在山脚下徘徊的人，永远爬不上顶峰；在困难面前叹息的人，永远成不了勇士。

困难，既能使人消沉于失败的泥潭，又能使人登攀成功的顶峰。

困难是面镜子，高悬在科学的险峰口。它不但照出勇士不倦思索、大胆探讨、奋勇登攀的英姿，而且也现出懦夫望而生畏、垂头丧气、掉首退却的身影。

在困难面前“有我”，在名利面前“无我”，在工作面前“忘我”。

征服一个困难等于得到一次增长才干的机会；回避一个难题等于失去一次知识的积累。

就是有九十九个困难，只要有一个坚强的意志就不困难。

当你鼓足勇气迎接困难的时候，困难便会减弱它的威力。

倘若你能把困难和挫折当成前进路上的加油站，那么你就会信心百倍地向终点冲刺。

如果失去了顽强的意志，困难就会给你戴上枷锁。

骆驼把沙漠当作绿洲才义无反顾地长途跋涉；志士把困难踩在脚下才百折不挠地开拓进取。

成才之路千万条，没有一条是坦途。纵然前人为我们铺就了光明道，在我们前进过程中仍会遇到沟沟坎坎，因此，每个人都要有迎击困难的思想准备。

生活的道路是不平坦的，有坎坷曲折，有风雨雷鸣，甚至有惊涛骇浪，不应把生活过于理想化。这样，在困难袭来的时候，我们就有迎击困难的勇气和思想准备，不致被困难击倒。

蒺藜尽管扎脚，但它能提醒前进者走路谨慎；困难虽然棘手，但它能激发胜利者斗志愈坚。

有勇气用行动去证明自己的人生价值，就有力量征服一切挫折、痛苦、困难和不幸，便不会有永远的落伍，生活就永远充满魅力。

只要你战胜了内心的怯懦，就会发现一个崭新的自我，就会唤醒内心深处沉睡的力量，任何困难都无法阻挡。

钢坚韧，来源于一次又一次烈火的冶炼；树参天，经受过一阵又一阵风暴的洗礼。一个人要具有坚忍不拔的意志、就要投身到熔炉烈火中和暴风骤雨里，迎接一个又一个严峻的困难的考验。

三、勤奋之舟

勤奋是成功者跨越天堑的桥梁，懒惰是失败者掉进深渊的滑板。

勤奋，既不像吃面条那么轻松，也不像喝糖水那么甜蜜。在某种意义上说，它是一种苦事，要舍弃一些爱好，要放弃一些休息，要经受一些失败的痛苦和考验。不过，苦中有乐，就像春天的播种者，虽然也可能碰上歉收的秋天，但相信多一分耕耘，就多一分收获，勤奋的苦涩中孕育着成功的喜悦，做出了成绩后更能品出勤奋的幸福。

勤奋，就像一把金色的钥匙，它能打开知识的宝库；毅力，好比一把开山的斧子，在攻克科学堡垒的道路上能披荆斩棘，伐木为桥。

勤奋与成功相随，懒惰和失败结伴。

勤奋可以弥补聪明的不足，但聪明永远弥补不了懒惰的缺陷。

勤奋和知识鼓满人生的风帆，事业之舟才会到达理想的彼岸。

勤奋的努力如同一杯浓茶，比成功的美酒更于人有益。

勤奋的人，活到老，学到老，改造到老，智慧的大师一直与他陪伴到老；懒惰的人，活到老，玩到老，吃喝到老，愚蠢的魔鬼一直与他纠缠到老。

与勤奋分手的青春，会加速衰老；与勤奋为伴的青春，将成倍延长。

聪明虽有它的不足，但勤奋可以弥补；然而慵懒的缺陷，却不能用聪明去盖覆。

要想实现追求的目标，勤奋是一座桥梁。把握人生的机缘，要从勤奋做起。

“天道酬勤”，指的是自然规律决不亏待勤奋的人。你想从自然界或社会得到优惠，你必须双倍地付出。过去是这样，现在是这样，将来还是这样。

保持勤奋本身就是一种成功，但要警惕，成功也可能成为勤奋的坟墓。

奇迹是智慧的婴儿，但需要勤奋去接生。

天才与凡人只有一步之隔，这一步就是勤奋。

要做勤奋采花的蜜蜂，莫学悠闲度日的知了。

安逸的暖流，能腐蚀意志的长堤；勤奋的飞瀑，能冲开智慧的闸门。

只有学习蜜蜂的热情和勤奋，学习雄鹰的坚定和勇敢，学习黄牛的老实和谦虚，知识宝殿的大门才会向你敞开。

如果把理想比作箭靶，天资就是锐利的箭矢，只有用勤奋拉满弓弦，才能射中闪光的环心。

做事情不能仰头向天，而应脚踏实地。在你的一生中，诚实和勤奋应该成为你永不背叛的益友。

生活教我懂得，曾经成功过的人想要再干一点事情，除了勤奋和顽强不懈的努力外，还要经得起各种舆论的考验。

如果说在校学习的日子是珍珠，那么，要获得精美项链的办法只有一个：用勤奋这根金丝把它们串起来。

科学最愿赐福给勤奋的人。谁肯在知识的田野上辛勤地播种和耕耘，谁就能获得好收成。

要想取得超人的智慧，必须有超人的实践；要想取得超常的业绩，必须有超常的勤奋。

有所得必有所失，但有所失并非注定有所得。一个不愿付出艰苦劳动的人，只能虚度年华，空白少年头。只有用勤奋的双桨在岁月的长河中搏击，才能到达成功的彼岸。

只要像绿叶那样勤奋地采撷，心中便不会缺少阳光。

灵感像一张网，勤奋是它的经，想象是它的纬。

安逸如同醋酸，能腐蚀精神的钙质；勤奋好像火炬，能点燃智慧的火焰。

安逸的小溪，能坍塌意志的长堤；勤奋的飞瀑，能冲开智慧的闸门。

历史创造了两类天才：一类聪明绝顶，一类终生勤奋。而历史对后者格外垂青。

“学海无涯苦作舟”，这是古人的劝学之言。实际上，在历史的长河中，人生苦短；在事业的开拓中，艰难险阻。青年人要想把握住人生，成就于事业，勤奋之舟是不能弃之不要的。

小事是珍珠，岁月是金线。谁最勤于拾起珍珠，串入金线，谁就有一条青春常在的“珍珠项链”。

对于勤奋者，书签是一把划船的桨；对于懒惰者，书签则是一张躺卧的床。

等候勤奋者的是喜悦，等候懒惰者的是悲剧。

时光是看不见的流水，但珍惜时光的勤奋者却能听到它奔流的脚步。

岁月总是为孜孜不倦的勤奋者编织收获的季节。

把一分钱掰成两半花，是勤俭者持家的窍门；将一分钟当作两分钟用，是勤奋者成功的秘诀。

挤一点时间，的确不容易；但放走时间，却轻而易举。勤奋的人，总是检查自己对时间抓得不紧；懒惰的人，却总是埋怨时间跑得太快。

勤劳是描绘伟大理想的彩笔。

青春的花，智慧的蕾，你若勤劳，它就在你心中绽开。

勤劳者从汗水的苦涩里，能品尝到生活的甜蜜；懒惰者即使泡在蜜罐里，也尝不出生活之蜜的甘甜。

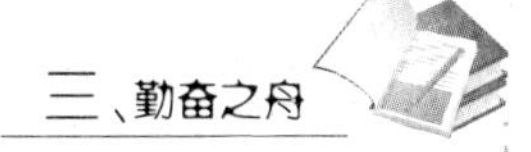

黄昏是勤劳者的早晨；早晨是懒惰者的黄昏。

与其秋季羡慕别人累累硕果，不如春天自己辛勤耕耘。

年轻的朋友，你生命之树现在是充满生机的绿色，若干年之后也许会挂满累累的果实。你若想有个丰收的秋天，就应该在人生的春天里，开始辛勤地耕耘与播种。

今天的收获，只是昨天付出的回报；明天的硕果，还需今天去辛勤耕耘。

肯于在春天辛勤地耕耘，才可能在秋天收获到果实。

沉醉于春花之中而忘却辛勤劳作的人，无法获得丰硕的秋实。

辛劳，像一条奇特的焊条，把耕耘与收获联结在一起。

沙滩上只能拾到海的落叶，耕耘波涛才能网起活蹦乱跳的鱼虾。

耕耘者的汗水是哺育种子成长的乳汁。

唯有勤劳的手，才能从岁月的矿藏里提炼出描绘灿烂人生的颜料。

只要用辛勤的汗水浇灌，哪怕在石缝山崖，播下的种子也能发芽。

只要你不停地播下辛勤的种子，沿途就会开花结果。

安逸，会使一个年轻的生命衰老；勤劳，能让一个衰老的生命年轻。

汗水是生活中的琼浆玉液，懒汉是品不出其中之味的。

汗水是污浊的，但在劳动的天平上比珍珠还贵重、还闪亮。

汗水经过科学的酿制，便成了希望的美酒。

汗水不是牛奶，但它能酿造出比牛奶更清甜的生活。

辛勤的汗水是书写成功的最佳墨水。

世界上只有一粒万能的种子，那就是浑浊而闪光、苦涩而香甜的汗珠。无论在陆地、海洋或天空，也无论在阳春、盛夏、金秋或隆冬，它都能开出艳丽的花，结出丰硕的果！

志士和庸夫之间只隔着一条由汗水汇成的鸿沟。

催开幸福之花的是滴滴汗水。

未必每一滴汗水都能换来收获，但每一分收获都包含着汗水。

果实是甘甜的，然而它是苦涩的汗水浇灌出来的。要想秋日摘到甜果，早在春天就要勤洒汗水。

为追求高尚事业而洒落的汗珠，是成功诗篇的标点；为追求私利而洒落的汗珠，是人生哀歌的音符。

种子，躯体虽小，却能孕育万紫千红的春天，汗珠做伴，就可结出丰饶香甜的果实。

不要过早地怀疑自己缺乏才能，而应当想想自己的汗水究竟流了多少？

汗珠是苦涩的音符，它延续志士奋斗的乐章。

晶莹的汗珠也是种子，润入生活能开花结果。

懒汉在梦中向成就求爱，成就甩开他的纠缠走了，待懒汉醒来，在枕边拾到一句留言：“我永远不属于你”。

懒汉的日历最厚，尽是愚昧与懊丧的记录。

懒汉的珠宝，撒落在闲散的荒野；智者的知识，得之于勤劳的开掘。

在懒汉的眼里，汗是苦的、脏的；在勤者的心上，汗是甜的、美的。

荒原是懒汉的沙漠，开拓者的绿洲。

躺在海滩上的懒汉整天希望珍珠能浮上水面，结果得到的除了泡影还是泡影。

尽管万木吐翠，然而朽木不因当春而发芽；尽管众人成才，然而懒汉不因逢时而有为。

天才和懒汉永世无缘。

即使春天来了，懒汉的心田照样是一片荒芜。

愚者偏爱学者的天赋，智者偏爱学者的勤韧，懒汉偏爱金子的珍贵，勤者偏爱时间的价值。

懒惰者的人生之树上结出的常是酸涩的苦果，勤劳者的双手方能创造丰硕的金秋。

对于懒惰者来说，一页日历就是一份愧疚的记录。

懒惰的藤蔓上结不出丰硕的甜瓜。

懒惰走得极慢，不久便会被贫穷赶上。

没有创造的守业是一种懒惰。

与其在懒怠中自己垮掉，不如在竞争中被强手击倒，这样至少可以获得一点教训。

懒散和怠惰是一把锈锁，它锁住了真理、智慧和才能的仓库，使你在生活、工作和学习上永远是个“缺粮户”。

懒是无为的伴侣，勤是成功的密友。

懒散和安逸是成功的坟墓。

四、人生感悟

人生是什么?

事业说:人生就是建筑历史的一块瓦;

奋斗说:人生就是与海浪搏斗的一双桨;

希望说:人生就是万绿之源的一朵花;

友谊说:人生就是帮助别人攀登的阶梯;

勤劳说:人生就是耕耘大自然的一头牛;

困难说:人生就是那条坎坷曲折的山路;

挫折说:人生就是那在暗礁中行进的船。

青年朋友,人生是什么,你说呢?

人生是什么?

淡泊说:人生是首诗;玩世说:人生是游戏;虚伪说:人

生是骗局；攀登说：人生是旅行；失意说：人生是梦幻；拼搏说：人生是战斗；投机说：人生是垂钓；市侩说：人生是交易；冒险说：人生是赌博；幸运说：人生是盛宴；不幸说：人生是苦酒；守旧说：人生是模仿；勤劳说：人生是耕耘；勇敢说：人生是冲浪；自强说：人生是竞赛；希望说：人生是花朵；爱情说：人生是良宵；挫折说：人生是坎坷。

人生是什么？人生是一条没有回程的路，每一步都是你自己在选择。

人生是一盘棋，美在投入。

人生是一首歌，青春就是歌中跳动的音符。

人生是一条船，有人驶进了平静的港湾，有人驶进了波澜壮阔的海面。

人生是一棵大树。亲情犹如那枝干和血脉相通的深根；爱情好似那艳丽而芬芳的鲜花和甘甜如饴的果实；友情则如那青葱茂盛的绿叶。无疑，爱情是人生历程中最有色彩的一页。

人生是一所大学，不朽的成就才是它的毕业证书。

人生是一次长征，只有坚忍不拔者，才能到达理想的绿洲。

人生是一座险峰，仰望险峰，你只能感叹它的高大；而坚定地攀登险峰，你却能知道自己的高大。

人生是一把剪刀，应剪出美的图案。

人生是一幅素描，每一处的点线面，都得自己来塑造。

人生是一股奔流，哪怕是短暂的歇息也有损于事业。衡量一个人事业的成败，首先要看他身后的脚印是否实在。

人生是一个大舞台，打退堂鼓的都是懦弱者。

人生是一条崎岖的路，又是一朵多变的云，人生是一首奇妙的歌，又是一本永远也读不完的书……

人生是一条漫长的路，数青春的岔道最多，千万不要左顾右盼，也不必顾及路旁的人语，辉煌的宫殿就在前方。

人生是一首抒情小诗，要抒写得真、善、美。

人生是一部厚厚的书，需要用整整一生的时间去读。

人生是一个自然的过程，生即开始，死便终极，唯真情才穿越生死之线，至永远。

人生是一个体味的过程，有人因为感觉迟钝而让有味变成乏味，有人却因为一时的偏差，把乏味变成了有味。

人生是一首伟大的哲理诗，它凝结着人类的聪明才智和千锤百炼的伟大力量，胜过大自然所创造的绚丽辉煌的一切。

人生是一段没有曲子的歌词，那或喜或悲的曲调需要我们自己去谱写。

人生是一匹轻快而健壮的骏马，人要像骑手那样大胆而细心地驾驭它。

人生是一部气势恢弘的交响乐，珍惜每一个跳动的音符，这部交响乐就拥有一个无比辉煌的尾声。

人生是一盘艰辛而又多变的战棋，每走一步都要理智做伴，才能赢得胜利。

人生是一个不断寻找和发现的过程。

人生是一曲欢笑与泪水、顺利与曲折、聪慧与愚蠢织成的交响乐章，无数伟人与强者正是在层层叠叠的困境和挫折中锤炼了勇气和胆识。

人生是一首酸甜苦辣的生活、坎坷曲折的道路、悲欢离合的感情组成的交响曲。

人生是花，而爱便是花之蜜。

人生是艰苦跋涉，搀扶的力量在你我之间架起了友谊的桥梁。让我们伸出手，用心紧紧相握，共同搀扶着跋涉人生。

人生是涂满汗水和心血的调色板。

人生是两个永恒间留下的空隙，是两块黑暗间激发闪电的瞬息。

人生是每个人用自己的言行写下的一本书，它的价值不在于篇幅的长短，而在于内容是否健康、充实。

人生就是征服。

人生就是抗争，就是奋斗，一个人应该敢于争上游、创第一。失去了奋斗精神，就是对生命的侵犯；在花天酒地中抛洒，就是对生命的扼杀。

人生就是永远进击！从自身环境中寻找事业和理想的出路，把握住生命之舵，有意识地在风浪中磨炼自己的意志。

人生就是一本书，童年、青年、中年、老年，都是人生不同的篇章。章章有各自不同的风采，章章不可缺少，作者、读者全是自己。每个人都应该用浓墨重彩写就自己历史的辉煌篇章。

人生本是一个圆，划一个圆就是一个生命的完成。我们没有回天之力，挽不住似水流年，但我们可以努力地走好人生的每一步。

人生本是一个无所谓长短的过程，犹如短篇小说，只求精采，但不必长。

人生本是由一连串的遗憾组成的。我们不必对生活中的遗憾耿耿于怀。面临岁月之河，人生只有在向彼岸进取的征途中，才能焕发迷人的光彩。

人生本来就是一场战斗。真正的幸福不在于目标最终是否达到，而在于为达到目标所做的奋斗之中。

人生总是在拼搏奋斗中，碰击出幸福快乐的火花。

人生如品酒，有人觉得甜美，有人觉得苦涩，有人喝得烂醉，也有人尝不出滋味。

人生如跳高，在勇敢的追求者面前，跌落的只是横杆，升起的却是不屈的信念。

人生如涉江，每一朵浪花都显示着搏击者的顽强。

人生如下棋，切忌恋战。大局既然无望，就应迅速放弃，另谋出路，不可空耗一生。一个人想干什么事和能干什么事是两码事，必须在能干的范围内选择想干的事。抛弃虚荣心，哪怕降到低一档的地位上。只要确能发挥自己的特长，就能干出更大的成就，找到自己的人生价值。

人生如航海，拒绝懦夫；理想是彼岸，勇者可抵。

人生犹如一本书，“青春”是书的第一章。聪明的人不仅让它有一个好的开端，而且逐步把它推向高潮。

人生犹如一本书，愚蠢的人把它草草翻过，而聪明的人则把它细细阅读。

人生犹如下棋，高者能看出五步、七步，甚至十几步棋，低者只能看出两三步；高手顾大局、谋大事，不以一子一地为重，以最终赢棋为目的，低手则寸土必争，结果辛辛苦苦地屡犯错误，以失败告终。

人生犹如航行中的帆，升起它凭借风力，便能驶向胜利的彼岸；降下它减低航速，将被浪涛吞没。

人生应如满天的群星，生存的意义在于闪光。

人生像一盘棋，一步走错，满盘皆输。

人生像一条磁带，能录下欣慰和懊悔；不同的是无法抹掉重录。

人生像一列恒定的火车：我们都来自同一个地方，但上车的时间各异；我们都是去同一个地方，但下车的时间各异；我们驶过的地段相同，但乘车的姿势各异。

人生就像一本书，无知的人漫不经心地翻它，聪明的人全神贯注地捧读，因为他知道这本书只能读一次。

人生就像一座巍峨的山，既雄伟峭拔，又深壑高岩。你必须有义无反顾的精神，一步一个脚印地向上攀登，这样才能到达光辉的顶点。

人生就像一条奔流的河，既有高高的波峰，又有深深的浪谷。无论遇到波峰还是遇到浪谷，生命之舟都应当对准前方击破波浪，这样才能驶达胜利的彼岸。

人生就像在运动场上，跑道提供给赛手们的只是一个平等的起点。要想第一个冲过终点线，必须靠自己顽强的毅力和意志，坚强的实力以及全部的激情和必胜的信念。

人生好像一只船，只有挂起理想的风帆，摇起拼搏的双桨，才有可能到达金色的彼岸。

人生好像一盒火柴，严禁使用是愚蠢的，滥用则是危险的。

人生好比一条长河，如果不勇敢地迎击前进中的礁石，生活中就难以激起令人振奋的浪花。

人生应该像海螺那样，即使失去了生命，也要化作号角去抒发生活的节奏。

人生应该像太阳一样，既发光又发热；而不像月亮那样，不发热只发光。

人生是严峻的，人生只能用自己的力量去开拓。

人生是严峻的，它既不是一首浪漫的抒情诗，也不是一支优美的小夜曲；它是阳光和风雨的搏击，是欢乐与痛苦的交替。

人生是短暂的，也可能是漫长的。短暂的人生不一定不闪射出耀眼的光华；漫长的人生不一定都轰轰烈烈。关键在于如何走，如何打发那一分一秒的光阴。

人生是有滋味的，品不出香甜，也就嚼不出苦涩。

人生不是一场梦幻，它是真切的、实在的，它必须航行于庄严的生活大海。

人生不是一块贪婪的海绵，而是一眼无私奉献的清泉。

人生不是梦，而是雕在脚印里曲折的传说；脚印愈深，传说也就愈动人。

人生不是蜡烛，而是熊熊的火炬，永远不会熄灭。它将一代代传下去，照亮别人的脚步，也烧掉自己心头的污迹。

人生不是冒险犯难，就是一无所有。

人生不是索取的枯井，而是赐予的喷泉；生活不是平静的池塘，而是沸腾的大海。

人生不是虚无缥缈的梦境，不是稍纵即逝的幻影，也不是自然现象折射的海市蜃楼。人生是实实在在的，由一日、一月、一年积累起来的历史。当你在不知不觉中打发着一分一秒的时候，你也在不知不觉中一笔一画地描绘着自己人生的历程。

人生不能只有快乐没有忧愁，只有惊奇没有恐惧，只有赞许没有愤怒，只有轻蔑没有羞怯，只有欢畅没有痛苦。正是全色调的情绪机制与情绪储备，使人可以顺利地迎接世间频繁袭来的喜怒哀乐，消化难以预料的悲欢离合。或许可以说，惟充满大喜大悲大忧大惧的人生，常辉耀着令人瞩目的强烈色调，成为文明进化的“宠物”。

人生不可能像来去的风，从从容容。生命如果像一杯平淡的白开水，也便失去了存在的价值。

人生不在于做什么，得到了什么。人生的价值只在进取，只在参与，只在追求，无论是失败还是成功。

人生的船，只有摇起拼搏的桨，才会有可能到达理想的彼岸。

人生的路要靠自己走，期盼别人的搀扶，则永远不会有勇气独自走到路的尽头。

人生的路要用心去走，更要以清醒的自省莅临于常胜的境界。

人生的帆只有理想的风才能扯满。

人生的阅历应该像海洋一样丰富、浩瀚、深广，人生的追求应该像太阳一样鲜亮、炽热、闪光。

人生的价值不在于时间的长短，而在于奉献的多少。

人生的价值在坚韧跋涉中一步步体现。

人生的价值在于为理想奉献，为事业拼搏，为后人造福。

人生的价值并不是用时间而是用深度去衡量。

人生的意义在于攀登，在于时时和阻力搏斗，尤其和自身的性格弱点搏斗。不能使自己的生活成为他人生活的复制品，也不能使今天的生活成为昨天生活的复制品。

人生的剧院里没有观众，人人都在扮演属于自己的角色。

人生的幸福在于拼搏和追求，平庸和可怜与幸福无缘。幸福女神永远青睐顽强进取和不懈奋斗的人。

人生的列车一旦偏离文明的轨道，必将滑向可怕的深渊。

人生的钻头，为了实现垂直的目标，必须挺直信仰和追求的腰杆。

人生的长河，需要波澜壮阔、汹涌澎湃的恢弘，也需要清风徐来、水波不兴的轻柔；人生的季节，需要蓬蓬勃勃的春天、热热闹闹的夏日，也需要秋日的娴静与平淡；人生的事业，需要叱咤风云、标新立异的开拓，也需要平平凡凡、兢兢业业的耕耘；人与人的交往，需要酒一样热烈的情怀，也需要小溪流水一般缓缓的感情渗透、默默的心灵沟通。

人生的征途有许多必守的规则，它不是前人的遗训，也不是世人的告诫，更不是书本上的律条。你的脚掌被荆棘刺破，脚上有多少个伤口，你就弄懂了多少条规则。

人生的篇章不宜轻易打上句号，应该把今天的成功、明天的进取、后天的胜利连接起来，把事业的成功、思想的成熟、道德的完善、友谊的扩展连接起来，把个人的成功、家庭的幸福、社会的繁荣连接起来。如果在成功之后打上句号，那么句号之后，往往不是新阶段的开始，而是赞扬声中的自我膨胀，舒适中的惰性增长，满足中的江郎才尽。

人生的意义在于探求，生命的价值在于创造。而探求和创造的过程将使青春更加美丽和富有。

人生的传记若没有酸甜苦辣，读起来就味同嚼蜡。

人生的道路虽然漫长，但紧要处常常只有几步，尤其是当人年轻的时候。

人生的目标一旦确立，你就要不断地前进。顺流时，不要骄傲，逆流时，不要徘徊。要使生命更加辉煌吗？朋友，请你执著些。

人生的轨迹是一个大大的圆，哪儿都是起点，也可以是终点。

人生的轨迹应该是多元方程，我们不能把它当作简单的一元一次方程来解。人生一世，将会遇到很多转折，每次转折就是一个未知数。我们要勇于去探索，去解答，求得正确的答案。

人生的艰辛明摆着。这就是为什么婴儿离开母腹，呱呱坠地的时候发出的第一声不是笑声。婴儿如果不哭，护士小姐还要打屁股，直到他哇哇大哭为止。我们来到这个世界是注定要受苦的。

人生的乐章只有用生命去谱写，才能留下清脆响亮的音符。

人生的艺术，只在于进退适时，取舍得当。

人生的失败有时因为想干的事太多太多，以致每一件都不能投入和专注地去干，最后只能一事无成。

人生的苦恼，不在拥有多少，而在奢望太多。

人生的失意可以酿造苦水，也可以酿造甜蜜。人应该从失意中看到光明，因为今天的太阳消失了，明天的太阳会更鲜亮。只要你不欺骗生活，生活也不会欺骗你。

人生的曲折就像河流，之所以曲折总有它的道理。假如一律平坦笔直，这世界就要少了许多景致，许多明媚的风光。

人生的灰尘只能掩盖生命的躯体，却遮不住生命的魅力。人生只要充满自信，充满激情，充满奉献，那么，它将永远给予你幸福和快乐。

人生的舞台有大有中有小，我既不想升官，也不想发财，只求在自己的小舞台上演好自己的角色。

人生的诗笺里，诚实伴随机智是最美丽的一行诗。

人生的“三部曲”应该是：无愧的昨天，充实的今天，充满希望的明天。

人生的竞技场上，没有常胜将军。失败一次，智者走近成功一步，愚者远离成功千里。

人生的交响乐并非都是由甜蜜的音符所组成。经历的磨难越多，奏出的曲音往往更嘹亮、更动听。

人生的真正欢乐是致力于一个自己认为是伟大的目标。

人生的全部意义，就在于爱的给予和获得。

人生的风景线上，那“泰山日出”似的壮观，“香山红叶”样的火红，固然值得赞美，但一如“黄果树瀑布”般的跌宕，则更显风流。这荡气回肠的人生落差，正像兀起悬崖的瀑布一样，构成蔚为壮美的岁月画图。

人生的许多道理不是靠聪明能够理解的，要靠一生沉浮后的彻悟。

人生的青年时期是最宝贵的。它象征着含苞待绽的鲜花，令人遐想；它像喷薄欲出的旭日，给人希望；它像鹅黄爬上梢头的柳丝，充满活力；它像嫩羽已丰的雏鹰，冲向天宇。

人生的每一个精彩故事，是心灵深处的一段独白。

人生的目的并不是终点，而是起点到终点这一过程中跌宕起伏的人生变化，这是人生的真正变化。

人生之钟，只有靠业绩的巨锤敲击，才能声震遐迩。

人生之舟，如果只是祈祷命运的风帆来推动，那是很难抵达幸福的彼岸的。

人生之舟，要警惕不要被私欲的漩涡所吞没。

人生之途，走对了一百里并不重要，就怕踏错了一步的旅程。

人生之中，有时比冒险更危险的唯一事情是：不去冒险。

人生之旅，只有宝贵的一次，每一步都要迈得稳重、铿锵有力。

人生之旅如果总是在无所用心、琐琐屑屑之中日复一日地向前延伸，那是十分可悲的；人生不怕平淡，只怕平庸。

人生之路漫长而坎坷，在人生之路上跋涉，最重要的是要能主宰自己。

人生之路从来就是弯弯曲曲的，就像大地上没有一条江河会是笔直的一样。

人生之路是一条漫长的磁带，它将录下进取者激越高扬的赞歌，悲壮者惊天动地的绝唱，开拓者震颤世界的呼啸！

人生之路上的足迹，是鉴定人生的一枚枚印鉴。

人生之路就是历史，历史才是最好的见证。

人生之路坎坷不平，无畏者未必顺利，懦弱者则可得安宁。但无畏者攀援的崎岖小道是通向理想境界的起点，后面已踏平的大道只能留给懦弱者通行。

人生之路是艰难曲折之路。跨过了荆棘丛生的坎坷道路，就是铺满鲜花的理想彼岸。

人生之路不是笔直而又笔直的，奔流到海不回头的黄河也有九曲十八弯，只是不要把弯曲处当作避风港，就能勇往直前永不停留。

人生之光荣，不在屡战屡胜，而在屡仆屡起。对那些跌倒后迅速站起来，坠地后像皮球一样跳得更高的人，是无所谓失败的。

人生最大的敌人是自己，人生最大的失败是自大，
人生最大的无知是欺骗，人生最大的悲哀是嫉妒，
人生最大的错误是自弃，人生最大的罪过是自欺，
人生最大的破产是绝望，人生最大的财富是健康，
人生最大的债务是人情，人生最大的礼物是宽恕，
人生最大的缺欠是悲智，人生最大的欣慰是助人。

人生最大的欢乐，莫过于理想的实现，知识的追求，事业的成功。

人生最大的苦恼不在于自己拥有得太少，而在于自己不切实际地向往得太多。

人生最大的快乐不在于占有什么，而在于追求的过程。

人生最大的诀窍，是从瞬息即逝的事物中攫取永恒真理。

人生最痛苦的事，莫过于一觉醒来，发现自己无路可走，无水可渡。

人生最严峻的考验，常常不在逆境之中，而在成功之后。

人生最无聊的岁月，莫过于生活在没有欢笑的日子里。

人生最宝贵的财富，乃是属于自己的思考。

人生最美妙的时刻，是在勤奋努力和艰苦探索之中，而不是在摆庆功宴席的豪华大厅里。

人生最重要的是要自尊、自爱、自立、自强和自信。

人生最可怜的是半途而废；最可悲的是丧失信心；最遗憾的是浪费时间；最可怕的是没有恒心。

人生在世，总会遇到许多不平等或不公正，但无论身处顺境还是逆境，无论地位是尊是卑，每个人在人格上都是平等的，这就是生活的公平。

人生在世，既不要随波逐流，也不必愤世嫉俗，需要的是清清白白地做人，兢兢业业地做事。

人生在世，越有耐心，越得益。伟大的成就无一不是耐心和等待的结晶。

人生在世，不会总是一帆风顺和美妙动人的，你会遇到丑恶和肮脏的东西。问题不在于看到它们并大声疾呼，而应以实际行动去清除它们，无言的行动比漂亮的言词要有效千百倍。

人生在世，应如松一般苍劲挺拔，如竹一般高风亮节，如梅一般俊逸坚贞，如莲一般出污泥而不染。

人生中最大的庆典，莫过于内心的信仰和理性大厦的落成。

人生中雅俗都会碰上，谁也逃避不了。同高雅者共事，可得其熏陶和培养；与粗俗者共事，可受到检验和锻炼。要拿出勇气和耐心来，迎接生活的变化和挑战。百炼成钢，凿玉成器。

人生中得失参半，有一失必有一得，有一得必有一失，千万别奢望十全十美。不要痛惜落英遍地，秋天终有硕果满枝。不要欣慰春花秋月，冬天的冷酷是一年的终结。

人生短暂，把握现在，活出生命的光彩。

人生漫长，有快乐，更有孤独、寂寞和焦虑。寂寞是智慧的防腐剂，是生命的诤友。能在孤独寂寞中完成使命的人，即是伟人。

人生大海，寻寻觅觅，大浪淘沙，自有拾不完的彩贝。

人生旅途，是一次越过千难万险的航行。

人生落差，是磨砺意志的刀石，是激扬精神的风帆。

人生何求，哪在乎升降与沉浮；人生何求，哪在乎失去与拥有。

人生从自己的哭声中开始，在别人的泪水里结束，这中间的时光，就叫做幸福。

人生或许永远就是这样，劳作、奋斗、付出不计其数的心力和时光，而所能领略、享受的喜悦、满足却只有一瞬，这也许正是生活的辩证法。

人生只有一次。只一次在母腹中酝酿灵魂，只一次在襁褓中哭累眼睛，只一次在小河边露出胴体，只一次在木筏上期待黎明，只一次在无垠原野追逐风筝，只一次在白云蓝天阻拦流星，只一次在大学论坛捕捉人生，只一次与同学伙伴痛饮酩酊，只一次在妈妈情怀里扬帆远航，只一次被丘比特的金箭射中，只一次在烟波浩渺中莫知所云，只一次在不惑之年陷入迷惑，只一次在天国的殿堂顶礼膜拜，只一次在白发里呼唤青春。人生有许多只一次，所以，我们要尽可能地紧紧抓住每个“只一次”，做许许多多、几生几世有益的事情。

人生如果不能大有作为、光彩照人，那么，也应该勤劳、本分、诚实、可人。

人生应该豁达。因为豁达是大海，能容纳江河；是蓝天，任鸟类飞翔。豁达的人生是乐观的人生，美好的人生，也是潇洒的人生。

人生充满坎坷，无论身受多大创伤，心情多么沉重，一贫如洗也好，没人理解也好，都要坚持住。要永远坚信一点，太阳落了还会升起，不幸的日子总有尽头，世界上的一切都不可能是永恒的。

人生如果忽视在心灵的土地上耕耘，其结果必然是荒芜。

人生若能以穿越世纪的力量航行，何愁不能抵达彼岸。

人生不应浮华度日，而应多做一点有意义的事，应抓住生命中的每一分每一秒。

人生岁月的刻刀最能雕刻出一个人的真实形象，说别人傻的人，他自己未必就不是一个十足的大傻瓜。

人生太短暂，做不了许多事。与其顾此失彼，不如专心致志。

人生本无所谓美满，它是一个不断奋斗，不断感到茫然，不断收获，又不断感到失望与不满的过程。事业的成功没有止境，只是一场无终点的追求而已。

人生避免不了的是重复，重复可以是甜美的享受，但也是一种最残酷的责罚。

人生尽管会有曲折回环、难难困苦、流血牺牲，但只要头顶蓝天、脚踏大地，太阳就会离我们越来越近，生活会回报我们充实和自信。

人生何必背对背，纵绕赤道还碰头。

人生有欢乐与幸福，也有烦恼与忧伤。一个勇敢的人，处欢乐与幸福而不欣喜若狂，临烦恼与忧伤而不消极颓丧，他应该是永远微笑着的。

人生哲学应该是：有主见，但不固执；有烦恼，但不哀叹；有追求，但不急躁；有成就，但不炫耀。

人生留一点遗憾，在未来的日子里，未尝不是一段美好的回忆。

人生不可预测，因而充满诱惑；人生可以把握，因而充满乐趣。因为不可预测，人生的片断常常错位而变成断片；因为可以把握，我们能把断片剪辑成一个圆满的故事。

“人生而不知爱其生，生于世而不知爱其世”，是可悲；不懂“人生之资有丰薄之分，机遇有多寡之别，需以平常之心待之”，是可恼；又不善于“自然超然，处人蔼然，无事澄然，有事斩然，得意淡然，失意泰然”，是可怜。

人生，两手空空来；人去，两手空空走。世间一切，只为我所用，并非为我所有。

人生充满了契机，只要勤奋和刻苦，就能叩开事业上的成功之门。

人生青春的航程，是精神的追求，道德成长的航程。在人生困厄中寻觅一种生命的哲学，是人生的大智大勇。平庸的人或许能在洪波不兴、春风得意的生活中得到少许的安宁或闲适，却永远不能收获到战胜困厄、超越自身后的那份喜悦和满足。

人生不会永远落寞，只要不断努力，沧海也会变成桑田。

人生追求首选健康、知识和人格的是智贤；把金钱摆在首位的便叫利令智昏。

人生所缺少的不是卓越的才干，而是远大的志向；不是成功的能力，而是勤劳的意志。

人生从来就是艰难的，生命之果的创造的内核外，总是紧裹着一层艰难痛苦的外壳。从这个意义上说，痛苦是人生的一位伟大导师。

人生只有一次旅行的机会，每一步都要迈得珍惜和慎重。

人生终有限，功业总无涯。

人生离不开痛苦和欢乐，有痛苦存在，欢乐本身才有意义。

人生幸福的一刹那，未必就是成功的时刻。

人生包含着　天，一天象征着一生。

人生旅途纵使厄运降临，我们仍应坚定沉着。要学会在厄运中自主，在自主中反省，在反省中坚强，在坚强中撞击出人生的火花。

人生有种灾祸不是因为匮乏，而是因为过多的虚荣。

人生中有时有些难得的时刻，凡是一经决定，就能影响久远。在这种关键时刻，应该有勇气表示赞成——或反对。

人生充满了等待。等待有时像岩石，是一种顽强；有时像劲竹，是一种坚定；有时像古藤，是一种柔韧；但更像的是孕育了万物的土地，是一种成熟。也只有真正成熟的人才善于等待。

人生有爱着而结合的终身幸福，也有爱着而分手的永恒遗憾；而幸福和遗憾的交织，也就是每个人复杂而真实的人生。

人生没有十全十美，如果你发现做错了，重新再来，别人不原谅你，你可以自己原谅自己。

人生并非草稿纸，每跋涉一步都将成为我们永恒的历史。

人生中确实没有一件能够轻而易举办得到的事情，但只要你抱着心诚石头也会开花的诚挚和执著的感情，咬紧牙关，硬着头皮，认准目标，坚韧不拔地努力，世界上就没有办不了的事情。

人生注定会有很多磨难和艰辛，无数的希望破灭又升起。在人生之途上，不该退缩，不应彷徨，不要迷茫，要相信生活，勇敢前进，总有一天会得到我们期待的一切。

人生在世，每个人都有一个属于自己、同时也属于社会的最佳位置，找不到这个位置是可悲的。

人生需求很多，但最难求的是和谐。

人生有苦有乐有忧伤，与其被忧伤折磨倒，不如像一只小山鹰，穿云破雾地自由翱翔。

人生这部巨著是没有修订本的，因此你一落笔就应十分谨慎。

人生常是这样：难得阳光普照、风平浪静；因此要学会：即使暮色笼罩、海波不宁，也可以不慌不忙。

在人生的旅途中，无知者迈不出轻快的脚步，而缺少正确理想的人则常常走错路。

在人生的旅途中，若循规蹈矩，不敢冒险，绝不可能有丰硕的成果。

在人生的旅途中，并不都是白云蓝天、风和日丽，严冬酷暑、暴风骤雨同样是人生乐章中的音符，意外的变故是不以你、我、他的意志为转移的。

在人生的旅途中，不时会穿插崇山峻岭般的起伏，时而风吹雨打，困顿难行；时而雨过天晴，鸟语花香。所以，纵然欢喜也不必得意忘形，纵然悲泣也不必怨天尤人。

在人生的旅途中，没有人是一帆风顺的。唯有不断鞭策自己，才能步上坦途。

在人生的旅途中，自负，是一道滑坡；欺骗，是一个陷阱；贪婪，是一座悬崖。

在人生的旅途中，若不敢为事业而冒险，绝不可能有丰硕的成果。

在人生的旅途中，面临压力是难免的，而在重重压力下，能否应付得好则是一种能力，一门高深的学问。

在人生的征途上，每个行进的足迹都伴着一个梦。

在人生的征途上，不要妄自菲薄，不要自惭形秽。每个人都有拼搏的位置，关键是要正确认识和发现自己。

在人生的跑道上，率先抵达光辉终点的是那些一鼓作气、勇往直前的人。

在人生的跑道上，起点有无数个，终点只有一个，必须做好最后的冲刺。

在人生的乐章里，凝眸是意境，跋涉是节奏，耕耘是主旋律。

在人生的宴席上，最令人回味的，是那道“苦辣酸甜”的菜。

在人生的竞技场上，不要乞求别人为你颁奖。

在人生的十字路口，泯灭信念的弱者永远看不见绿灯的闪烁。

在人生的大舞台上，不应担心别人发现不了自己，而是自己不认识自己。

淡泊人生，是一种考验，也是一种体验。淡泊人生，才能

“有容德乃大，无欲志则刚”。

游戏人生，一世无成。

哭泣人生，生活则永远充满泪水；笑对人生，生活将会拥有长久的欢颜。

美的人生有一个美的过程：从小溪涓涓细流的优雅，到江河碧波千顷的壮阔，再到大海渔火闪烁的安谧。

成功的人生告诉我们：在此受到挫折，到彼取得补偿。生活中可供翱翔的天空那么辽阔，可供回旋的余地那么广袤，可供变通的途径那么众多，又何苦在人生的沟壑前叹息彷徨！

强者的人生不是没有苦恼，只是他的苦恼，仅仅是短暂的间歇；智者的人生不是没有失败，只是他的失败，仅仅是成功的插曲。

奋斗的人生，再长的路也是短的；无聊的人生，再短的路也是长的。

美丽的人生，是机遇和汗水的交合，是勇敢和智慧的结晶。

辉煌的人生，总是背负高远深邃的蓝天，珍重足下富有的土地，在心灵的春天里，播种理想的誓言。

无畏的人生，是在没有人烟的地方上开拓耕耘；真正的探险，是在没有航标的河流上漂泊奋进。

奇迹的人生，成功不无执著和爱心，失败更有沉思和崛起。

真诚的人生，不仅用“脚”走路，更用“心”走路。

低级的人生贪婪于“位”，高尚的人生矢志于“为”。

没有爱的人生，算不上真正富裕的人生。

没有风雨的人生，是海市蜃楼；没有波折的生活，是空中彩云。

没有冬季的人生，如同没有泛起波澜的大海。

没有危机的人生，是虚幻的人生，没有危机就意味着没有创新和突破。

没有缺憾的人生，本身就是一种缺憾。

没有拼搏的人生是平庸的人生，没有追求的人生是可怜的人生，没有目标的人生是失败的人生。

丰富多彩的人生必定是波澜壮阔的；而风平浪静的人生不一定就庸庸碌碌。

青春追求的人生该是轰轰烈烈、潇潇洒洒，而现实的人生旅程往往是坎坎坷坷、坑坑洼洼。我们不必叹息命运不公，世态炎凉，应该看到冬天的背后有一缕璀璨的春光，黑夜的尽头有辉煌的早晨，沙漠的边缘有希望的绿洲。

在人生中，健康的价值远胜过声望和财富。

假如人生真的能够第二次选择，我们仍会把青春付给劳苦与幸福相和的生活，我们仍会把年华托付给奋斗与收获相伴的旅程，我们选择充实而壮丽的人生。

假如人生是一次旅行，请不要误点，时光的列车不会停下来等你。

因为有暴风雷雨，才有美丽的彩虹；因为有峭壁悬崖，才有壮观的瀑布；因为有艰难险阻，才有闪光的人生。

站着是一面旗帜，躺下是一座丰碑，这才是一个大写的人生。

大地的雨是生命的泪，没有独自在雨中静静走过的人，不懂得什么是人生。

智者总在成功时说，那是命运的安排；愚者总在失败时说，那是命运的过错。“命运”，只是一个托辞，却能反映两种人生。

有痛苦、有欢乐、有失败、有成功，这就是人生。

昨天。今天。明天。人生并非只有一个句号。重要的不是某个句号前的修饰词，而是如何去划这个“句号”。

没有人会告诉你，人生的道路何时开始，当你自以为已经真正踏上人生之路时，其实早有那美丽的一部分已经消逝。

贪婪会把美丽的人生引向泥潭，追求才使有限的生命变得辉煌。

责任是道德的永恒引力，没有它就会在人生的天平上失重。

用笑脸面对人生，处处是康庄大道，迎来的是更多的欢乐；用悲戚面对人生，处处是崎岖坎坷，迎来的是更多的苦难。

雄鹰选择苍穹，麻雀选择屋檐，骏马选择疆场，青蛙选择浅塘。人生，同样需要选择。

沉默是更深刻的领悟人生的一种方式，它是一种宁静的自信。沉默的人生伴你感觉美的长驻。

名利是人生的绳索，常常缠住患得患失者的心。

孤独是人生中不可或缺的调味品，善待孤独就是善待真实的人生。

无聊是人生最大的难受，因为它象征着生活的颓唐和空虚。

痛苦对人生来说，何尝不是一笔精神财富？一帆风顺的人，常常是浅薄的，因为生活给他思考的机会太少。而痛苦却能使人得到精神上的充实，因为屡经折磨才能悟出许多人生的真谛。

得不到奉承的人生，是一种幸运；听不到批评的人生，却是一种危险。

从不自省的人生无法接近真理；从不自量的人生难以获得成功。

仰望巍巍大山，我惊觉它的伟大。登上山顶，方知不过如此。人生亦然。

要想打通人生的隧道，一要有坚忍不拔、矢志不渝的意志，二要有坚硬无比，百折不弯的利器。

用乐观的音符抹去愁思，人生就是一支欢快的歌。

带着稚气，带着惊异，带着迷惑，带着理想，带着自信，去迎接人生最美好的青春时光。

悄悄地走进人生的露天剧场，环顾偌大的中心舞台，然后随意地穿过圆形的看台，在剩下的空位中，我只随便为自己找一个座位，如果没有空座，那我在后排或过道中站着。

用人生拉着历史的车轮快跑，把坎坷的山路踩平，把弯曲的大江拉直，使现实留给我们的，不再是一条九曲十八弯的小道。

也许你有一个平凡乃至贫贱的人生，可是，只要你不嫌它平凡和贫贱，始终如一地爱它，这种爱本身就是伟大而富有的。只有自暴自弃者才是真正卑贱的。

梦是人们随意编织的花环，它既点缀生活又安慰心灵。因此，人生如果没有梦，便会有太多的苦涩，而人生如果只是梦，便会有太多的迷惘。

梦中的花朵永远代替不了现实中的荆棘。在人生征战中，我们要多些勇气、多些独立、多些自信，在需要我们付出汗水的时候不能代之以叹息。

淡雅和妖艳，粗犷和细腻，豪放和娴静，阳刚和阴柔，热烈和冷峻，单纯和深沉，都有各自的魅力。有的魅力使人望一眼，就勾魂摄魄，心荡神迷；而有的魅力则幽香深蕴，须慢慢细品，感随时深。不必为“我没有魅力”而苦恼，当你坚执著真诚，怀抱一颗爱心，追求有价值的人生时，魅力的清泉就悄悄地涌流了。

谁要游戏人生，他就一事无成；谁不能主宰自己，他将永远成为奴隶。

勇敢地去品尝生活中的酸辣苦甜，才会领悟人生的真谛。

坚强的意志和毅力是支撑人生旅途的拐杖。

坚定正确的政治方向，艰苦奋斗的进取精神，乐于奉献的高尚品德，这是人生必须兼备的三大法宝。

壮士三不倒：鲜花、荆棘与风暴；人生三件宝：谦虚、勤奋加思考。

绝望，是对人生挫折的一种屈服，是懦弱控制神经的表现。没有绝望的处境，只有对处境绝望的人。

尽管人生使你有一千个理由哭泣，你也要表现得有一千零一个理由欢笑。

事业是生命的盐，如果一生无所作为，人生将淡而无味。

植物的价值，不在于它占有土地多少，而在于它给人类贡献了多少；人生的价值，不在于他在社会中占有多少，而在于他为社会付出了多少。

用饱蘸心血和汗水的画笔来描绘人生，人生的版图才会绚丽多彩。

过去的足迹再辉煌，也不会印在人生未来的道路上。

经历了苦难的人生，我们慢慢开始懂得：在我们走过的道路上，洒下的不仅仅是汗水，每一声的祝福中都蕴含着血和泪。

在所有的地球生命中，人无疑是最能表现自己创造力的，勇敢地承认自我表现的欲望并大胆地表现自己，乃是一种健康的人生态度。

只有事业没有爱情的人生是残缺的人生，没有事业只有爱情的人生是遗憾的人生，既有事业又有爱情的人生是无悔的人生。

雷电一鸣惊人，结果转瞬即逝；流星璀璨夺目，却是昙花一现。人生若是只追求热热闹闹、轰轰烈烈，未必就是充实。

世界上，最宏大的是海，最令人心醉的是涨潮那振人心魄的场面。在人生的道路上，有潮涨潮落又为什么不可以呢！如此，你会看到，你的生活更有节奏，更有活力，更有令人向往的色彩。

顺境也好，逆境也罢，人生就是一场面对艰难困苦所进行的无尽无休的斗争，而且是一场以寡敌众的斗争。要赢得胜利，必须英勇无畏，有胆有识，坚忍不拔，持之以恒。

童年是一场梦，少年是一幅画，青年是一首诗，中年是一篇散文，壮年是一部小说，老年则是一套哲学。人生呵，何等的多姿多彩！

假如你的每个瞬间都生活得丰富多彩，那么，你的一生便是灿烂辉煌的。

没有尝过艰辛的人，只能看到世界的一面，真正的人生，只有历经磨难之后才能实现。

如果你真的热爱人生，就请你真诚地对幸福和痛苦都说一声：谢谢！

如果说人生如梦，那么，有的人努力把梦幻变成现实，有的人却把现实当成梦幻。

海浪不回避礁石的撞击，才得以壮观；人生不回避挫折的迭起，才得以明达。

路上有砾石泥块，我们去清理；路上有杂草荆棘，我们去清除；路上有坑坑洼洼，我们去填平——人生之路，要用我们双手去开拓！

踏着别人走过的足迹去寻找人生成功的真谛，得到的只是自卑和惭愧。一旦自己重新开辟了一条新路，在别人足迹上寻找的东西就不再属于你，属于你的只是在新路上留下的足迹和给予你的启迪。

承受山一样厚重的压力，忍受冷酷难耐的磨难，经过惊心动魄的搏浪之后而获得的慷慨豪烈的美丽，也是人生的一种渴望。

把沉默寡言当作稳重来崇尚，把圆滑世故当作成熟去追求，那实际上是对人生的亵渎。

无论人生之路把我引向何处，我都认为是祖国赐给我耕耘和收获的土壤。不要怨天尤人，不要好高骛远。你的生命之舟就是你脚下的土地。

蓓蕾推开绿色的外衣，绽放出灿烂的花朵，这是解脱；河水冲出禁锢的闸门，自由地奔向大海，这是解脱；人甩掉沉重的包袱，迈开雄健的步伐，也是解脱。人生，在不断的解脱中日臻完美。

历经人生坎坷不必过分悲愁，在属于未来的太空里，我们会找到自己的星群。

漫长的人生岁月使我越来越懂得，对我来说主要是减轻身上的负载，包括心灵上的负载。桃李不言，下自成蹊。尽管我并非苛求这些，我会活得很充实、很轻松，我决定这样去生活。

战胜一次自我，闯过一次难关，接受一次洗礼，人生的价值就会增加一个个沉甸甸的砝码。

有人视人生为一只筐，什么欲望都往里面装，结果，筐被装破了，什么都是一场空。人生应该有所得亦有所失。

胜利时的骄矜和失败时的气馁，是人生航程中的两座暗礁。

玩世不恭，是对坎坷命运的一种消极反抗，但它只能使人跌入更大的坎坷之中。只有严肃对待人生，审时度势，作韧性的战斗，才能使人生之舟驶入广阔的江流。

小溪流水如果没有跌宕便会平淡无奇，人生途中如果没有挫折便会寡然无味。生活中的不幸，爱情上的失意，事业上的挫折，这只不过是人生途中一段小小的插曲，但对于漫长的人生之路来说又算得了什么呢！朋友，莫愁前路无知己，此处有我愈识君。

不必为一次失败而气馁，人生路上处处有起跑线。

童年的纯真，是人生最美丽的财富。

理想，爱情，工作，生活，学习，勾画出人生的五线谱，汗水便是那一个个跳动着的音符。没有汗水，哪会有人生美妙的乐章？

用不变的心境看待生活的峰回路转，以踏实的脚步走出多姿多彩的人生道路。

只有收获，才能检验耕耘的意义；只有贡献，方可衡量人生的价值。

每一个人生的过程中，快乐和痛苦、不幸和幸福，常常是不可分的两个部分。假如在你的一生当中，真的没有体验过什么是痛苦，那么你懂得什么是真正的快乐吗？如果在你的人生过程中，真的没有经历过不幸，那么你还能珍惜你所拥有的幸福吗？朋友，热爱你的生命吧，不管是快乐还是痛苦的时候。

曲折可以成为人生的老师，因为曲折使人尝到世态炎凉的苦涩，迫使人对世界和自己作出认真的探究和反省。往往是受挫一次，对人生的醒悟增添一层；失误一次，对成功的内涵透彻一遍；不幸一次，对意志的成熟增强一分；磨难一次，对处事的能力高人一筹。

要想让倾斜的人生天平重新平衡，不是添怨气，而是加恒心和汗水。

懒散的脚步，难以走出充实、激昂的人生。

耐不得寂寞，便耐不得人生逆境。

用微笑来面对人生，用真诚来面对朋友。

冒险不是鲁莽和野蛮。冒险是人生的一种明智，是人生的一种事业。大凡成功者，没有哪个人没经历过几次人生的冒险。

过分优越的环境，往往会生长荒凉的人生。

凡事犹疑不决的人，在人生过程中会错失许多机会。

喜欢在梦中生活的人，人生总是一场梦。

路总是在向前延伸，人生岂能节节败退?!

在赞美人生的合唱队里，用心声领唱的人才是真正的歌手。

幸福的人好谈人生，不幸的人怕谈人生；幸福的人嫌人生短，不幸的人嫌人生长；幸福的人以人生为乐，不幸的人以人生为苦。

乐观的人视人生为磨炼，悲观的人视人生为磨难；乐观的人看人生光明，悲观的人看人生黑暗；乐观的人享受人生，悲观的人熬煎人生。

即使命运从不发芽，我不惋惜千百次播种；即使花朵结不成果实，我不遗憾千百次凋零。信念告诉我的人生：没有比脚更长的道路，没有比人更高的山峰。

即使永远找不到大海，我不停息寻觅的歌声；即使脚印被风雪掩埋，我也珍惜走过的路程。无愧无悔才是人生：朝着地平线匆匆走去，让世界评说我的背影。

只有事业的砝码才能衡量人生的价值。

这一次你痛哭了，下一次你再回首人生的时候，你一定会微笑的。

车轮的生命在于不停地滚动，人生的意义在于不限地拼搏。

谁在人生的土地上埋下懒惰的种子，谁就会终身收获遗憾。

不能洞悉人生的真谛是一种悲哀，然而悟透人生的真谛又是另一种悲哀。

没有勤勉奉献的人生，不会是最壮丽最灿烂的人生；没有经历苦难的人生，不会是最深沉最完美的人生。

哲味浓的人生多悲壮。

编织人生绿色希望的是知识的春雨，拼搏的汗滴，而并非梦幻的惊雷。

把自己的人生道路画直线的人，长则短；将自己的人生道路画曲线的人，短则长。

走人生之路犹如攀登陡峭的悬崖，一旦一脚踩空，则会跌入万丈深渊。

只有对事业时时更新、创造，人生才能走向最灿烂的富有。

秋最能揭示人生的价值，春再迷人，还是一个未知数。

光阴似流水，稍纵即逝。我们应在人生的江河中建起“拦河坝”，用它来发电，造福于人民。

我们的世界毕竟是多彩的，欢欣总要与失意并存。在遗憾的同时别忘了弥补，比如人的外貌不能随人的意志而改变，但内在的含蓄和魅力却可以弥补外表的平淡。弥补人生，生命总是会灿烂的。

将理智作为人生的良师，让它伴随着你走向事业的成功，走向生活的幸福。

生日，是人生一个又一个小站，最终会把人载向终点。

当一个人发现自己幼稚的时候，他就开始走向成熟了。人生总是在解决一个又一个的难题中前进的。

错误是不可避免的，如果说成功是人生向往的朋友，那么错误则是人生永远抛不掉的伙伴。

别祈望在人生的道路上能留下一串笔直的脚印，那样，您注定会走向痛苦的深渊。

干劲是人生富有的一把扳手，只有拧得很紧，才有巨大威力。

所有虚掩着的门后面，都有一个真实的人生。不要给生命挂上一把锁，那样，你就永远无法出发，也永远不能到达。

不管你在人生舞台上扮演哪一种角色，都必须卖力演出，否则永远得不到热烈的掌声。

理智使我们一次次看透人生；激情又使我们一次次重受蒙蔽。

不要因为天空阴云密布，就否定太阳的光辉；不要因为道路坎坷不平，而怀疑人生的美好。

艰辛与追求相撞击，会闪现出人生最壮观的火花。

安逸的顽石，钝化人生的利刃。

丢失了星月的夜空黯然无光，丢失了希冀的人生痛苦沉重。

女人是水，男人是山，山水相依，连绵不断，人生才显得伟大壮丽。

不懂爱和恨，是没有情感的生命；不讲美与丑，是没有灵魂的人生。

如果世上没有爱，人生也就失去了意义。

我对待人生的态度是：处之泰然，有错就改。

冒险不是冒冒失失的无端逞强和希图侥幸的取巧投机，它是有目的、有计划地对智慧和能耐的挑战。有冒险的生活，才有多彩多姿的人生。

因为坎坷，道路才有魅力；失去曲折，人生才显平庸。

世界何其浩大，然而最终只有一个人与你信手相携，走过漫长的人生。

自满、自大和轻信，是人生的三大暗礁。

不敢冒险是人生最大的风险。

只有莅临真境、追寻善境、渴望美境的人，才有丰富的人生感受。

一生没有过痛苦的人，不是真正快乐的人。一生没有爱过的人，却是真正痛苦的人。

人的一生中可能犯的最大错误，就是经常担心犯错误。

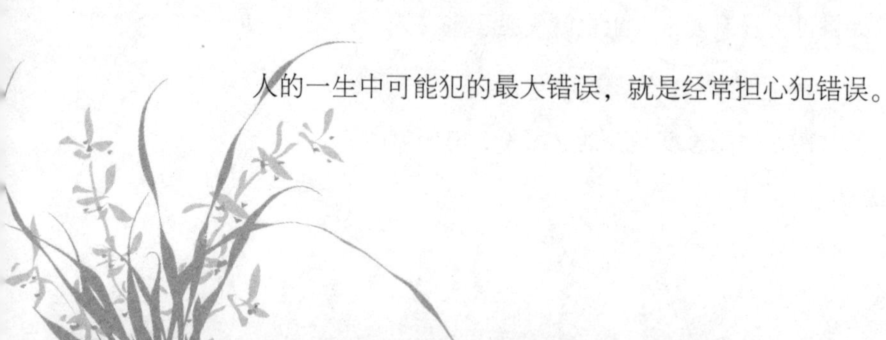

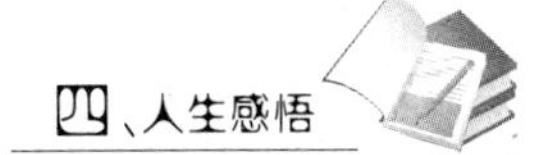

一个人的一生，不是什么东西都可以得到的。所以，适当的时候要学会放弃。

在我们的一生中，值得做的事不可能都做完，因此，我们借助于希望；应该做的事不可能单独去完成，因此，我们求助于信仰。

五、超越自我

我们最强的对手，不一定是别人，而可能是我们自己！在超越别人之前，先得超越自己。

人最陌生的莫过于自己，如果能正确认识一次自己，那么就超越一次自我。

要对自己不断挑战，不断超越，用百折不挠的精神和毅力，才能获得成功。

不要依赖于运气的帮助，只有勇气、信心和智慧才能帮助我们超越一切障碍。

我们难以把握机会，因为犹疑、拖延的毛病；我们容易满足现状，因为没有更高的理想；我们不敢面对未来，因为缺乏信心；我们未能突破，因为不想去突破；我们无法发挥潜能，因为不能超越自己。

肯反省自己的人，才有自我超越的可能。

忘我是走向成功的一条捷径，因为在这种境界中，人常会超越自身的束缚，释放出最大的能量。

在人生旅途上的好多场合，好多机遇面前，我们往往怕的不是别人，而是我们自己。倘若我们脚踩着“怕”字，勇敢地跨过去，那么，我们超越的不是别人，而是我们自己。

一个人最大的敌人便是他自己。人不应该被自己击碎。只有超越自我、战胜自己，才能把巍峨的人生之峰高高耸起。

一个人只有不断地超越自己才能走向成熟，成熟不仅仅意味着通达老练，也意味着一个人品格的不断完善。

自己把自己说服了，是一种理智的胜利；自己被自己感动了，是一种心灵的升华；自己把自己征服了，是一种人生的成熟。大凡说服了、感动了、征服了自己的人，就有力量征服一切挫折、痛苦和不幸。

相信自己，不要自惭形秽；相信自己，不要自暴自弃。相信自己，是所有成功者脚下的路。

相信自己吧！相信自己的头颅和别人的头颅一样，都是一颗智光闪烁的太阳；相信自己的手掌和别人的手掌一样，都是一片孕育财富的土地！相信自己的脊梁和别人的脊梁一样，都是一座树立崇高的丰碑。

一颗苍松相信自己，便挺立在她扎根的那座险峰上；一面旗帜相信自己，便高扬在她呼唤的那片土地上。

即使是一个受挫者、失败者，只要相信自己，便能从跌倒处昂然站立，便能让伤口绽开殷红的花朵。

首先要相信自己，爱自己，然后才能期望赢得别人的信任，别人的爱。

失去自信是天下最大的不幸，失去自己是人生最大的陷阱。

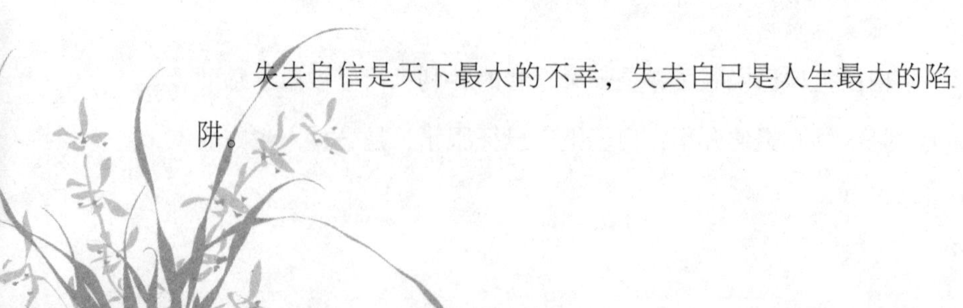

打开新生活的书，在扉页上端端正正地写上真正的自己。

在精神上战胜自己，比在体力上战胜自己不知要艰难多少倍。

许多人不关心自己的感觉，他们更关心的是别人对自己的感觉。虚荣心的作用如此巨大，以至于从某种意义上讲，他们是在为别人活着。

在最险恶的环境中，能把握自己的人，一定是位不可战胜的人。

照耀你一生每一次夜行的那一束明亮的火炬，正是你自己；静候在你命运的每一个渡口的那一双强有力的桨，就是你自己。

不要问别人能为自己做什么，而要问自己能为别人做什么；不要问社会能为自己做什么，而要问自己能为社会做什么。

社会好比土壤，生命犹如种子，播种人就是你自己。用青春和血汗浇灌，贫瘠的土壤亦能收获一片葱郁，高寒的冻土也会盛开如歌的雪莲。

玫瑰梦里拥有的鲜花再多，也全是假的。唯有认真开辟初春的玫瑰园，从培土、施肥做起，用辛勤的汗水才能浇开属于自己的玫瑰花。

没有太阳的早晨也是早晨，没有月亮的夜晚也是夜晚，有时候，你就是自己的太阳和月亮，只是你必须充满热情，充满斗志。

能征服世界固然伟大，能征服自己则更加伟大。一个不能征服自己的人，是难以战胜任何艰难险阻的。

并不总是别人来奴役我们，有时我们让环境奴役自己；有时我们让清规戒律奴役自己；有时由于意志薄弱，我们自己奴役自己。

挫折使人看清了在通往目标道路上一个必须加以征服的敌人，这个敌人不是别人，通常就是自己。人类最杰出的成就经常是在战胜自我的同时被创造出来的，人类最崇高的目标也经常是在彻底战胜自我的同时到达的。

不要在意别人的目光，其实那只是你自己心里的感觉异样。做好自己认为值得的事。

人可以走遍世界，却难以走出自己。人的悲剧就在于常常是自己的奴隶，心与身错位，灵与肉分离。憎恨别人的贪婪，却宽容自己的欲望；指责社会的阴暗，却回避自己的道义。

人需要与外界的交流，但一时的孤独却可以使人超越，使人淡泊明志，宁静致远。当孤独感升起时，便意味着你同别人、同群体有了区别，你的个性便开始凸现出来。

不要把自己的雄心留给梦幻，睁开眼睛就有黎明，迈开双脚就是春风；不要使自己的热情冻成坚冰，走向生活就有歌声，扬起风帆就能奋进；不要让胸前的鲜花蒙住双眼，最后的祝福才最动听，最后的微笑才最迷人；不要因暂时的失败失去信心，颠颠簸簸后你会走向成功，坎坎坷坷中你将享受全部人生。

把别人对自己的帮助永远记在心头，将自己对别人的帮助从记忆中抹去。只有这样，才能乐于生活，乐于奉献。

不要因为一次的失意就认为生活是黑暗的，不要因为一次的失败就认定自己将一事无成。其实，走出迷茫，你就会发现，生活依然是美丽的。

只有把自己看作是一个一无所有的人，你才会去拼搏进取，你的心灵才能永远充满着追求，充满着希望。

走过嘲弄，走过讥笑，走过排挤，走出的是富有的自己；走过天，走过地，走过狂风暴雨，走过霜打雷击，走出的是坚强、刚武的自己；走过风，走过雨，走过世界，走过自己，走出的才是真正的自己。

要想战胜外界的困难，先得战胜内心的怯懦；能够成为自己的主宰，才能握住命运的咽喉。

不要忘记自己走过的路，那些洒着汗珠闪着光彩的路，那些惊心动魄披荆斩棘的路，那些崎岖不平备尝艰辛的路，那些浸透泪水充满痛苦的路……自己走过的路弥足珍贵，只有记住它，才能走好以后的路。

你不能决定生命的长度，但你可以控制它的宽度；你不能左右天气，但你可以改变心情；你不能改变容貌，但你可以展现笑容；你不能控制他人，但你可以掌握自己；你不能预知明天，但你可以把握今天；你不能样样顺利，但你可以事事尽力。

发现你自己，你就是你。记住，地球上没有和你一样的人。

当您每次真挚而诚恳地帮助别人时，您实际上也帮助了自己。

要征服的不是高山，而是我们自己。

重视自己，发展自己，但又不去争夺什么位置，只要你自己感到舒畅，什么位置便都是可爱的。

与其经常叹息命运的不公，不如用自己的勤劳和汗水去创造属于自己的公平。

拿别人的不足取乐的人，使自己又增添了一个不足。

为自己画像的人难免失真，为别人画像的人常在不知不觉中认识自己。

走过灯红酒绿，走过痛苦失意，走过狂歌醉语，走过冷漠偏激，而难以走过的，总是自己。

人应该寻找能够最大限度地发挥自己才能的突破口。人的自我发现对于一生的成功是太重要了！有些人埋怨自己被埋没，这种情形当然存在，不过人才的埋没更多的是自我埋没。

青年朋友，别信包治百病的灵丹妙药；别学出神入化的祖传轻功；别梦日进斗金的发财门道；别托万应万灵的命相吉言。应牢记：人生成败，操之在己。

自己跟自己过意不去，是羁绊人生的最大罗网。

告别自己是艰难的，尤其是当那过去浮泛着金光的时候。但生命需要不断地告别自己，这种需要是进取而不是退缩，是超越而不是消沉。

哲人说过：认识你自己。然而这是不容易做到的，因为你的“自己”也是一个世界。只有当认识了“自己”的世界，也才能透彻地认识“自己”以外的世界。

该认清自己是自己最大的对手，征服一个自己，便犹如增生了十倍的力量。

成长的意义不仅仅是年龄的累加、体魄的强健、知识的丰富，而是你不断地发现自己，不断地完善自己，从而使自己的生命放射出光明绚丽的色彩。

六、奉献赞歌

奉献爱心无需回报，献身事业不求功利。

正义感和同情心是孕于奉献精神的母体，贪婪和自私是生成人间妖孽的渊薮。

既然是颗流星，就把光留给人间，把一切奉献给人民。

黄金闪光靠光的作用，人的闪光靠在事业上的奉献。

一个人的真正价值并不是他得到了什么，而是为社会、为人民奉献了什么。以奉献为理想的人最崇高。

人生的意义在于奉献，而不在于享受。人活着是为了给我们生活在其中的社会增添一点光彩，这样，人的生命才会开放出奇异的花朵。

最有价值的人生是以无私奉献为前提的，即使得不到回报，也是伟大和不朽的生命。

生命是一个过程，而这个过程中的壮举是闪光的奉献。

荣誉和成绩的内涵是汗水和心血的奉献。

鲜花飘散芳香，树干育成栋梁。可那些扶持鲜花和树干的枝叶们，在无声无息中奉献，它们圣洁的美德更值得人们赞扬。

做人，应该有大海的胸怀，即使穷得只剩下一杯苦水，也应该把它晒成盐粒奉献给祖国和人民。

土地年复一年的奉献，从不要求人们酬报，春天索取星星点点，秋日回报满仓满囤。

如果磨难是培养人才的学校，那么奉献就是造就人格的最高学府。

寿命是人生的量，奉献是人生的质。

“伟大”这两个字的一笔一画，肯定是由痛苦、毅力和追求组成；而奉献的结果必然带来心灵的永久平衡。

精神的支柱在于理想而不是金钱，人生的真谛在于奉献而不是索取。

茫茫戈壁上，即使只有一蓬骆驼草活着，她也矢志不渝地恪守自己的信条——无私地奉献一分“绿”。

同样是生活，与其平淡的重复，倒不如去燃烧，寻得一种献身、一种创新。

伟大业绩的篇章与其说是智慧的结晶，不如说是献身的写照。

所谓完满的人，就是心胸宽广、富有献身和牺牲精神的人，是为全人类幸福努力奋斗的人与其空怨生活不偏爱自己，倒不如像小草一样向世界默默献出绿。

人应该学习花的品格，为了结出成熟的果实而甘于献出美丽的青春。

枫叶把整个青春献给了太阳以后，它就具有太阳的色彩了。

我愿是一棵树，吸碳吐氧；我愿是一片海，负舟载帆。

我愿做一颗道钉，将千里路轨接连；我愿做一块褐煤，在炉中放出光焰；我愿做一片绿叶，托扶鲜红的花朵；我愿做一撮泥土，将前进的路面加宽；我愿做一根琴弦，弹出生活的强音；我愿做一个音符，谱写人生的诗篇。

我愿做一块奠基石，不愿做展品柜中的金首饰。

我愿做一棵参天的大树：春天，吐一山淡淡的清香；夏天，洒一抹如泉的凉荫；秋天，举一树甜甜的青果；冬天，做一个养精蓄锐的美梦。

我愿做一粒平凡的泥土，去培育丰收的希望；做一滴平凡的雨露，去滋养幸福的未来；做一棵平凡的小草，去慰藉广博的大地；做一朵平凡的花朵，去美化人们的生活。

我愿做一颗小小的露珠，虽不被人重视，但悄悄撒进大地，也算是自己的奉献。

我愿做一棵无名的小草，哪怕是给大山涂上一点春的妖娆。

我愿做一颗生活中的流星，虽说她在世间的燃烧只有一瞬，可飞逝的火花将永远留在人们美好的记忆中。

我愿作一颗钉在祖国胸前的扣子，为了人民的温暖，与战友一起，把祖国的衣襟扣得紧紧……

我愿做崇山峻岭一溪流，把自己无私地溶进汹涌澎湃的长江；我愿做晴朗夜空一颗星，给月下漫步的人们投下一道柔和的亮光；我愿做高楼底部一块砖，把最大的压力都放在自己的肩上；我愿做沧茫大海一盏灯，为南来北往的舰船指引前进的方向。

我愿做擎天的华盖，为校园洒下浓荫；我愿做护花的春泥，孕育那翠绿的新枝。

我愿做砖瓦建高楼，愿做沙石铺大道，愿做人梯攀高峰，愿做火炬照路明，愿做绿叶衬红花，愿做露珠润新苗，愿做青松傲霜雪，愿做红梅把春报。

我愿在冬天到来之前，踏着落叶，和秋风赛跑；我愿如秋叶，化作春泥，去萌生绿色的新芽。

我愿像经霜的红叶，在凋落前化成一片烈焰，燃起人们心头的希望和光明。

我愿把青春变成洁白的底色，用“为人民服务”思想的彩笔在上面描绘绚丽斑斓的生命之画。

我愿化做一杯沸腾的山泉水，用滚烫的热情解开你紧锁的眉头，好让你将生命绿的原色释放出来，一展青春的风采。

我甘愿做一块坚硬的花岗岩，铺在道路上，垫平坎坷，消除泥泞，让人们踏着自己向前。

我不奢望能在红旗上书写自己的名字，但我期望那鲜红中有我的一滴血。

我是小草，卧在软软的泥土地里，做着绿色的梦。霜风打扰我的安详，苦雨打湿我的胸怀，我依然紧紧地拥抱大地，让阳光的温暖沉积心田，孕育着希望之果。

我是一滴水，愿成为一滴普通的露珠，亲吻棵棵禾苗，哪怕拥抱的是株无名的小草；我是一滴水，愿成为滔滔黄河的一分子，尽点滴浮力，载起轮船一座；我是一滴水，原掺合于泥，凭燕子衔去，筑它的爱巢。不求伟大，不求辉煌，但愿成为天地间一个快乐的因子，宇宙中一个永恒的魂灵。

我是一朵白云，无声地飘过天际，在漂泊中追求宁静。愿用自己的身体阻挡炎热，给劳作的人们带来一份温情。

我是一片绿叶，并不乞求太多的雨露，太浓的阳光，默默地生长。愿大地因为我多一丝春意，鲜花因为我添一份妩媚。

我是一根火柴，愿用我的生命去点燃你心底的热情，把痛苦烧成灰烬，好让你的幸福升华成一朵靓丽的云，倾吐生活的芳菲。

我是一棵普普通通的树，一生只向更高的、更灿烂的天空追求，向更深的、更敦厚的泥土索取，此外，别无所求。

我爱枫叶，是因为她们在行将凋零时还将生命燃烧得红红火火。

我不是春蚕，吐不出银丝；我不是蜡烛，献不出光明。我是一块石子，我愿天天为人类铺展通向未来的路。

我非鸿鹄，但有西风追日之志；我非鹰隼，却有搏风击雨之气。

我不希望自己像英雄一样，而希望自己在经受得起成功考验的同时，也能承受失败的磨砺。

我不知道那只被困在笼中的孔雀是否因为人们欣赏而更珍惜自己的羽毛，但我想——我宁愿做一个贫穷但快乐自由的人，而不愿披一身金衣，被锁于华彩里。

我画画，我喜欢缤纷旁的那片留白；我吟唱，我喜欢悲壮前后的那段静默；我生活，我喜欢狂热前的那段无事。真空，是为了妙有！

如果我在摘星的路上倒下，就让我化作一朵云彩，去圆自己的梦。

如果我做不了急流，那就做一块让急流开出生命之花的礁石吧！

如果我是一棵树木，就应成阴，遮一片烈日；如果我是一株花蕾，就应绽放，溢出芳香；如果我是一棵小草，就应吐绿，装扮大地；如果我是一只萤火，就应点缀夜空，衬映星光。

如果我是一滴水，就要滋润一寸土地；如果我是一线阳光，就要照亮一分黑暗；如果我是一颗粮食，就要哺育有用的生命；如果我是一颗螺丝钉，就要永远坚守着自己的岗位。

如果我是水泥，就和钢筋紧密结合在一起，让钢铁的意志永不生锈，哪里需要，就出现在哪里——让我做地基，就埋头苦干，把现代化的大厦高高托起。需要我做桥墩，就脚踏实地，一生挺立激流里，让时代的列车向胜利的彼岸驶去。

如果我是焊条，就轰轰烈烈地燃烧，让青春的火花永远闪光，把生命和钢铁拧在一道。不放过一条细小的裂痕，不虚度战斗的一分一秒，用自己的全部心血，把钢铁的桥梁焊牢。让时代的列车正点通过，让振兴中华的汽笛日夜欢笑。

如果我是一颗星，我愿是北极星，用自己微弱的光，为人类指路照明。如果我是一根干柴，我愿被农民拾起，扔进灶膛，献出微弱的热能。如果我是一粒石子，我愿铺在路上，让人们踩着我弱小的身躯走向太阳升起的地方。

即使横在我面前的是一条没有渡口的江河，只要能穿过晨雾眺望一下对岸的风光，我就不会感到沮丧；即使前行的路上没有伴侣，只要有小草山花相伴，我就不会感到寂寞；即使山道险峻陡峭，我也要不停地攀登，哪怕累倒在半山腰也比在山脚下看得更远；即使土壤异常贫瘠，我也要播下种子并且用心血和汗水浇灌，因为我相信决不会一无所获；即使我不能获得鲜花掌声，我也要潇洒地走上舞台，让更多的人熟悉我的身影；即使春日没有太阳，我也要站在沙滩上，放飞我幽囚了一冬的思绪；即使明天大雨滂沱，我也要到郊外的田野上漫游，让青春的风帆鼓荡起绿色的情思；即使通向成功的道路上没有灯光，我也要摸索着辨认那紧闭的命运之门，然后举起手来咚咚地把它敲响。

做一棵树为人遮阳，做一块石供人歇脚，做一眼井解人之渴，这样的人是高尚的。而不知道自己是这样的人尤为难能可贵。

让别人的生活，因为有了我的存在而更加美丽。

花的事业是珍贵的，果的事业是甜蜜的，让我做绿叶吧，因为它总是垂着绿阴。

对于高山，一颗沙粒是微不足道的。但是倘若没有一颗颗沙粒，也就无高山可言。让我们都做一颗渺小的沙粒吧，用以堆砌起事业的万仞高山。

若说生活是人生的海洋，我愿去乘舟冲浪，去摄取坚强与成熟，去体会运动的力度与盘旋的美，每一秒都生活在新颖的创造之中。

祖国要扬帆远航，我们就去做那白帆上的一根布丝；祖国要展翅高飞，我们就去做那翅膀上的一根羽毛；祖国要建国防大厦，我们就去做大厦上的一块砖瓦。

把全部心血浇注在事业之上的人，他的生命之树定会绽出璀璨的奇葩。

即使有人把我看作是小小的砂粒，我也不妄自菲薄。因为在架桥铺路、造楼盖屋的时候，砂粒也能找到发挥作用的位置。

只问耕耘不问索取的人，其实他收获的比索取的还多。

即使自己是一撮土，只要铺在通往真理的道路上，就是莫大的幸福。

自身能发光发热，确是人的美德，但更可贵的是像站着燃烧的蜡烛，用生命的光热照亮和温暖别人。

为创造春华秋实的多彩世界，根儿就是累死了，仍堂堂正正地挺立在岗位上。

做一颗火种去点燃人们的心灵之火，当一级石级让人们踏着它向上攀登。

做一支燃烧的蜡烛，尽管微弱，但有一分热，发一分光，照亮别人，耗尽自己。

春蚕一生没说过自诩的话，但它吐出的银丝是丈量它生命价值的尺子。

七、青春语丝

青春是什么？青春是一条充满惊涛骇浪的奔腾的河，是一座看不见路径的高耸的山，是一弯看不见天际的浩瀚的海，是一片辽阔无垠的蔚蓝的天。青年朋友，让我们注视着河流，让我们仰望着高山，让我们拥抱大海，让我们奔向蓝天。那是一个竞技场，那是一个快乐园，那是一部人生大辞典。

青春是一棵树，咕嘟咕嘟地吮吸着生命绿色琼浆；青春是一条河，任创造力的源泉汩汩流淌；青春是一面旗帜，呼啦啦地在人生风景线上飘扬；青春是稻浪中银镰刷刷挥舞的欢歌；青春是黄河咆哮时激流勇进的号角；青春是泰山日出时富丽堂皇的壮阔……拥有青春，就拥有了整个世界。

青春是一笔财富，一笔不需要乞求别人，不需要支付利息，不需要煞费苦心地去赢得的财富。只有当你年轻时才能享有，也只有当你年轻时才能支配。青年朋友要不失时机地好好利用它、汲取它、发挥它、表现它。

青春是一首匆促的歌。青年朋友应抓紧分秒，施展歌喉，唱一曲美妙、激越、昂扬的颂歌。

青春是一个抢种的季节。青年应该在这个季节里分秒必争地播种、耕耘。这样的青春，才是充实的青春，富有的青春，闪光的青春。谁在这个抢种的季节流过辛勤的汗水，谁就会在金色的秋天里尝到丰收的喜悦。谁要是耽误了这一刻千金的“农时”，谁就将在漫长的人生旅途上悲哀地咀嚼着浪费青春的苦果。

青春是一首意境浓郁的诗，情景交融，神韵交融，清醒含蓄，令人愈品愈有味。

青春是一场短暂而美丽的梦，有欢笑，有悲伤，但醒来却不应有悔恨。

青春是一株绿叶婆娑的阳刚之树，只有扎根现实的土地，才能结出理想的果实。

青春是一张储蓄人生价值的存折，对顽强拼搏不断创造的人，其面额时时增长；而对庸碌无为、坐享其成的人，其面额很快变成零。

青春是一个人生命中最辉煌的岁月，然而，只有将青春无私地奉献给祖国，青春之光才会永远闪烁。

青春是一枚贴在信封上的精美的邮票，这信寄往昨天。青春是一张动人的照片，收藏在名为“岁月”的相册里。青春是一顶别致的小帽，吹落在记忆的长河中。

青春是位魔术师，只要勤奋、好学，他会为你变出世界上任何一件珍宝。

青春是骄傲的天使，一旦分手，即驷马难追。要青春永驻，必须将手边流过的寸寸光阴，编织成华美的春之蓓蕾。

青春是春天的绿叶，江海的浪花，生机的色彩。青春一旦融进人类的正义事业，那它就永不衰朽，永不消逝，永不褪色，永放光芒。

青春是生命季节中的春天。愿我们珍惜这个春天，抓紧施肥、播种、浇灌，为着一个丰收的生命之秋。

青春是生命中最美好的时光；爱情是青春中最美好的时光；初恋是爱情中最美好的时光。

青春是人生长河中的一段灿烂的吟唱，更是人生时空中急需开发的特区。青春的希望，青春的突破，青春的辉煌均来自青春的开发。

青春是用自信与坚韧点燃起来的永不熄灭的火把。

青春，就是保持年轻的心。只要充满信心、希望和勇气，以应付日新月异，青春就会永远属于你。

青春是有限的，智慧是无穷的。趁短暂的青春去学无穷的智慧吧。

青春是斑斓多姿的，充满着诱惑。面对诱惑，什么都可以选择，却不可以选择卑鄙；面对诱惑，什么都可以失败，却不可以失去“自我”。

青春永远是美好的。可是，真正的青春只属于那些永远力争上游的人，永远忘我劳动的人，永远谦虚学习的人。

青春如太阳般炽热，即使遇到霜雪，也能融化为甘泉，去滋润大地，灌溉田园。

青春如同一张白纸，只要你能把握住命运之笔，就会书写出多姿多彩的人生。

青春犹如一艘航船，有时会遭受暴风雨的洗礼，有时会迷失方向，有时会搁浅，有时会触礁，有时会有倾覆的危险。只有把握住生命之舵，敢于冲过急流，绕过险滩，勇往直前，才有希望到达胜利的彼岸。

青春好比是一张白纸，它在勤奋者手里将展现出生机盎然的彩图，而在怠惰者那里只能永远保留一片可悲可叹的空白。

青春像一只银铃，系在我们的心坎上，只有不停地奔跑，它才会发出悦耳的声音。

青春像河流的中游，在这儿干涸了，下游就不能河水粼粼。

青春像一束柴火，它既易腐朽，也易燃烧。要使它迸发出熊熊烈焰，必须靠理想之火点燃。

青春，像太阳刚刚出山，前面是望不尽的一片蔚蓝；像嫩芽刚刚冒尖，前面是看不完的春光灿烂；像初离源头的潺潺小溪，憧憬着大海里的波浪滔天；像茁壮成长的马驹举足待发，即将在万里征途上奔腾驰骋。

青春象征信心与希望，荒废青春是世界上最大的损失，因此，每个人都必须知道如何把握青春时光。

青春不是年华，而是心境；青春不是桃面、丹唇、柔膝，而是深沉的意志、恢弘的想象、炽热的恋情；青春是生命的源泉在涌流。

青春不是人生某一时期的标志，而是指人应有的心理状态。要永葆青春，既要有坚强的意志、丰富的想象和激荡的热情，还必须有战胜胆怯的勇气和决不向困难妥协而敢于去冒险的希求。

青春不过是我们从时间老人那儿借来的资产，到时就得归还。

青春不会永远存在，它会像短暂的美梦一样很快逝去。白发不一定能埋葬人的青春，白费的年华却能筑成青春的坟。

青春的光辉，在创造中迸射，在安逸中熄灭。

青春的内涵，是战胜怯懦的勇气，是敢闯敢干的意志，是决不服输的精神。

青春的脚步一旦踏进不现实的房屋，现实的门槛就会把你绊个跟斗。

青春的历程是颗耐人咀嚼的多味果，充满了甜蜜，充满了诗意，也充满了太多太多的失去和拥有。

青春的价值，不只是因为人生只有一次，它要在奉献中升华；青春的活力，不能仅为表现年轻的躯体，它要在拼搏中展示；青春的火焰，不能仅为自己燃烧，它要在追求中放彩；青春的丰碑，不是以年龄作为基石，它要在心理上建树。

青春的可贵，贵在学习；青春的活力，在于搏击；青春的灿烂，在于为人民服务。

青春的实质是充实，青春的诗意是浪漫，青春的证明是无悔。

青春的智慧之花是美丽的，但它如果不嫁接到事业之树上，那么就不可能结出累累硕果。

青春之舟，只有鼓满时代的风帆，才能在岁月之河上永不停息地掀起前进的波澜。

青春，人生的黄金时代，是最为宝贵的。但是，它也最容易流逝。谁能够永葆青春，在生命里树起永驻青春的丰碑，无疑，他就是一个伟大的人。

青春，不能以年龄的大小衡量。因为对于有志者来说，即使进入暮年，他青春的火焰仍会燃烧闪烁。

青春，这个曾被人们无数次吟诵，无数次咏叹，无数次歌唱的美丽字眼，当拥有它时，总不免出奇地慷慨，而一旦意识到很快就要挥手作别时，才蓦然醒悟，感叹“少壮不努力，老大徒伤悲”。

青春年华是每个人的黄金时代，是充满幸福、愉快和幻想的美妙时期。

青春属于珍惜时间、奋发向上的人。

青春会向每一个人告别。但青春对那些热爱生活的人说：“我一定会回来！”

青春在人的一生中只有一次，而青春时期比任何时期都强盛美好。因此，千万不要使自己的精神僵化，而要把青春保持永远。

青春在人的一生中只有一次，青年时代要比其他任何时代更能接受高尚和美好的东西。谁能把青春保持到老年，不让自己的心冷却、变硬、僵化，谁就是幸福的人。

青春火炬的价值不只在它自身独立地燃烧，还体现在它能点燃未曾燃烧的青春火炬中。

青春立志是人生大事，在你众多的选择中，请千万不要忘记选择寂寞，因为寂寞是成功最忠实的伴侣。

如果不在青春的田野里耕耘绿色，那么暮年的枝头就没有丰收的金黄。

如果青春的时光在闲散中度过，那么回忆岁月将是一场悲剧。

如果把青春看成一束娇艳的鲜花，沉醉于她那妖娆的姿色，必然会因花的凋谢而留下无尽悔恨；如果把青春当作一蓬青翠的枝杈，植根于沃土之中勤加浇灌修剪，来日的参天大树上将会看到青春永不消失的身影。

如果你拥有青春，那就不能说自己一无所有。

有所作为，才是对青春的最佳注释。

人生的岁月是一串珍珠，漫长的生活是一组乐曲。而青春是其中最璀璨的珍珠，最精彩的乐章。

骚动与朦胧的萦绕，是青春的个性；坦率与思索的兼容，是青春的完善；探索与创造的举步，是青春的开拓。

无论你选择哪个角度透视青春，青春都是祖母绿，都是那样的玲珑剔透。

要爱惜自己的青春，因为世界上没有比青春更美好、没有比青春更珍贵的了。青春就像黄金，你想做成什么就能成为什么。

美的青春在生活中闪光，在拼搏中迸发，在创造中完善。

保持一生壮健的真正方法是始终有一颗青春的心。

从东升的太阳中寻找节奏，从葱绿的森林中寻找色彩，从洪亮的鸡鸣中寻找韵律——这是青春的颂歌。

竖起理想的桅，扬起信仰的帆，把好前进的舵，划起自强的桨——起航吧，青春的船！

热爱生活，积极投入，就一定能留住朝气，青春永驻。

春天，因为生气勃勃，万物旺盛，才使大地孕育了丰硕可喜的收获；青春，因为斗志昂扬，不断进取，才使人们赢得了如花似锦的未来。然而，朽木不因春天的到来而开花，懦夫不因青春的可贵而奋发！

小溪奔流欢唱，是因为充满了奋斗的朝气；死水一片沉寂，是因为失去了青春的活力。年轻人最令人羡慕的是保持了奋斗的朝气和青春的活力。

一寸光阴一寸金，青春的光阴比黄金还要贵重。然而，青春虚度的光阴却是极为廉价的。

用华丽的衣服装饰自己，是留不住青春的；只有保持旺盛的斗志，才能永远青春焕发。

只有年龄优势的人，不一定拥有青春；唯有用奋斗实现人生价值的人，青春才愿意与之结伴同行。

不要说生活太单调，理想太遥远，青春在荒废！那是因为你心中没有绿洲。先做一个春天的梦吧，才会收获一个金色的秋！

生理上的青春稍纵即逝，心理上的青春却可伴随自己积极向上的情绪而延长、而持久，形成一种美的力度。

朋友，青春是你的财富，生命是你的权利，但这些并不是人人都拥有的，我们只能年轻一回，我们只拥有一次生命。朋友，珍惜吧！珍惜你生活中的每一分每一秒，让每一天都过得充实，让每一天都涂抹上瑰丽的色彩。当我们年老时，可以自豪地对自己说：青春无悔，生命无憾！

有人把青春写在绚丽的衣裙上，有人把青春沉入醉人的酒杯中，我把青春化作铿亮的犁，年年岁岁迎接春归。

不要把青春当作雕花的酒杯浸泡三百六十五个昏晨，而要当作珍贵的甘露滋润生命的花卉。

太阳落山还会升起，青春一去却永不再来。

谁把青春编进打水的竹篮，谁就要在人生的尽头背负起沉重的遗憾。

对于青春来说，冷漠是人的一种堕落；对于生命来说，麻木是人的一种毁灭。

生理青春那行云流水般的脚步，人们无法挽回，但通过拼搏、奋斗、奉献，可以在心理上树起永驻青春的丰碑。

用青春可以挣到金钱，但金钱却买不到青春。

把青春播进田野，便是一粒渴望丰收的种子；把青春植进沙漠，便是一棵迎风招手的红柳；把青春填进书本，便是一个多元多解的方程式；把青春配上吉他和弦，便是一曲粗犷潇洒的摇滚乐。

世界上最宝贵的不是金光灿灿的黄金，不是玲珑剔透的宝石，而是一刻千金的青春。青春是一张白纸，能否书写美丽的文字，绘制壮美的图画，全靠奋斗和拼搏。

同是青春，有人在追求理想与事业的征途上走过坚实的脚印；有人在享乐与无聊中划过堕落的轨迹；有人在平庸的生活中耗尽宝贵的年华。青年朋友，您将怎样度过您的青春？

对青春应倍加珍爱，不只因为它非常美丽，还在于它不会重来。

美好的青春属于你、属于我，但决不仅仅属于我们自己。在为祖国和人民事业的无私奉献中，青春才能熠熠生辉。

人世间其实一无所有，唯有青春。如果你浪费了自己的年华，那是很可悲的。

人世间比青春更可宝贵的东西实在没有，然而青春也最容易消逝。最可宝贵的东西常常不为人们所爱惜，最容易消失的东西却在促使它的消失。谁能保持住永远的青春，便是伟大的人。

莫让岁月编进打水的竹篮，要用青春燃起事业的火炬。

在青春的世界里，沙粒要变成珍珠，石头要化作黄金。青春的魅力应当叫枯枝长出鲜果，沙漠布满森林，这才是青春的快乐，青春的本分。

聚光镜能使木屑和纸烧着，是因为它把采到的光和热集中到一个焦点上。要让青春放光华，就应把精力集中到学习和工作上。

春天是耕耘的季节，不是收获的时间；青春是奋斗的岁月，不是享受的年华。

珍珠的光彩不是靠别人涂抹上去的，青春的乐章也不能指望由他人谱写。

琴弦松弛，弹不出悦耳的声音；生活闲散，点不燃青春的火种。

燕子去了，有再来的时候；杨柳枯了，有再青的时候；桃花谢了，有再开的时候；只有青春，却一去不复返。

美丽的浪花，在海浪与礁石的猛烈撞击中开放；璀璨的火星，在铁锤与砧板的急剧敲打中迸发；青春的价值，在振兴中华的伟业中显现。

勤奋、学习、创造是青春的三角支架。你是否用这样的三角支架去构筑生命的金字塔呢？

良种假如老是关在玲珑剔透的玻璃瓶里，就永远没有萌绿的希望。要永葆壮丽的青春，只有投身到黑黝黝的泥土中去！

生命是很奇特的，它让每个人都开一次花，但并不担保每一个人都结一次果。能不能结果往往取决于还是“一朵花”的时候，有没有辜负自己的青春。

一个民族的年轻一代要是不珍惜青春，那就是这个民族的最大不幸。

黄金闪光靠光的作用，青春闪光靠无私奉献。

只有追求和进取才是挥写青春的原动力。

绿色青春的底片，只有用美好的言行去感光，才会熠熠发光。

美丽的浪花，在与礁石撞击中绽开；青春的价值，在为事业的拼搏中实现。

因为勇敢地撞击，浪花才有生命；因为不懈地开拓，青春才有生机。

松弛的琴弦弹不出悦耳动听的声音，闲散无聊的生活燃不起青春闪耀的火焰。

小草，只有在干涸的河床上，沉重的乱石下，料峭的岩缝里，才能显示出它蓬勃的生机；青春，只有在艰苦的环境、艰巨的任务、艰难的事业的拼搏中，才能显示它神奇的活力。

我富有，是因为我正拥抱着青春；我不满，是因为我相信自己会做得更好；我自豪，是因为我正扬起人生的风帆驶向胜利的彼岸。

也许很久很久以后你会发现，青春原来藏有许多美丽的错误，但你决不会后悔，因为如果没有那错误，你就不会有那样沉甸甸关于生命的回忆。

一个人只要保持永不松懈的意志，永远进取的精神，勇于为祖国为人民献身的品格，青春就永远陪伴着他。

没有开放就凋谢的花，必是虫蛀的花；没有贡献就失去的青春，是夭折的青春。

没有根须的求索，不会有树木的年轮；失去青春的追求，怎会有晚景的光辉！

没有崇高的精神作为生命的支柱，再年轻的躯体也会很快枯槁。只有把崇高的精神与年轻的躯体结合起来，青春才会发挥出无限的潜力。

保持青春的奥秘何在？首先，大脑要一直保持青年人的敏锐和活跃，酷爱思考；其次，不论受到何种挫折、磨难，始终要乐观、豁达。

燕子去了，可以再来；桃花谢了，可以再开；而青春一去，永不再返。因此，有志青年必定无比珍惜青春，让它放射出璀璨的光芒。

青年要做一颗有生命力的种子，勇敢地冲破泥土，将嫩绿的幼芽伸出地面，指向蓝天。

青年应像大山般坚强、镇静，大海般开阔、热情，大河般奔放、奋进。

青年应敢于搏击，像浪尖上的一只白鸥；踏踏实实，如田野上的一头耕牛；正直坚贞，似山巅上的一棵青松。

青年应具备勇于开拓的精神，敢于在没有路的地方踏出一条路来。就如绘画一样，与其在别人已画满风景的画板上挥毫，还不如在尚未着色的画板上自由泼墨。

青年应具有人格中最为圣洁的东西——诚实，也具有事业中最受青睐的东西——恒心。如果把两者完美结合，那将前途无量。

青年应是一株生机勃发的大树，把根深扎于土壤，无论风吹雨打，总把自己繁茂的树阴无私地奉献给人们。

青年应该像雄狮一样勇猛强悍，像黄牛一样坚韧顽强，像战马一样喜爱冲锋陷阵。

青年像花蕾在春风里绽吐五色，如竹笋在春雨中出土拔节，是朝阳在晨曦中喷薄东天。

青年既要努力争取人生道路上的每一步成功，又要笑迎生活中的坎坷，因为坎坷可以筑起走向成功的阶梯。

青年择友要慎重。要同那些爱集体、爱同志、爱自己，积极向上的人交友；不同那些牢骚满腹，只会怨天尤人的人为伍。因为前者能鼓舞你奋发向上，而后者只会促使你消极悲观。

青年追求的人生该是轰轰烈烈、潇潇洒洒，而现实的人生旅程往往是坎坎坷坷、坑坑洼洼。我们不必叹息命运不公、世态炎凉，应该看到冬天的背后有一缕璀璨的春光，黑夜的尽头有辉煌的早晨，沙漠的边缘有希望的绿洲。

青年朋友，在困难面前你低头了吗？退却了吗？这不是有志青年的行为！有志青年应该是向困难冲锋的猛士！

青年朋友在追求人生舞台上那惊心动魄的一幕的同时，要学会在无数平淡的日子里享受那一份宁静的美丽，享受人生的另一番情趣。那样，你就会发现，人生处处有美丽的风景，生活时时有温馨的笑靥。

青年朋友们，现在要轮到你们了。踏着我们的身体前进吧，但愿你们比我们更伟大、更幸福。

怎样书写历史？时间正翻着书页，青年朋友要郑重地着笔。

是星星，应该挂在天上；是种子，应该落入泥土。青年朋友用奋斗找到了自己的位置，就应在那里生根开花，熠熠发光！

天空吸引人展翅飞翔，海洋召唤人扬帆起航，高山激励人奋勇攀登，平原等待人信马由缰。青年朋友，勇敢地出发吧。

航船乘风破浪，须有航标的导引；汽车夜行千里，须有车灯的照耀；鲲鹏展翅高飞，须有明亮的眼睛。没有航标，航船会触礁沉没；没有车灯，汽车会碰撞毁损；失去眼睛，鲲鹏会撞死山巅。有鸿鹄之志的青年朋友，请首先确定你前进的目标！

青年人不但要适应顺境，也要经得起挫折。遇到困难便逃避现实或消极处世，是没有出息的表现。

青年人不应像滑了丝的螺栓，松松垮垮，徘徊不前；应像刚出枪膛的弹头，奋力向前，穿透钢板。

青年人不应做披甲戴盔的蜗牛，结网而居的蜘蛛，而要像搏击风雨的海燕，翱翔长空的雄鹰，英勇地战斗，无畏地进击。

青年人假如放弃了生命的春耕，那么他就很难有人生之秋的欢乐。

青年人应向着明天，向着真理，向着光明，踏踏实实前进，走过的路绝不后悔。

青年人要永远把自己置身于多变和丰富的生活大海中，不要刻意占有，应该驻足未来。这样，我们就会永远年轻、朝气蓬勃、轻装前进，而且会得到更多。

青年人谁敢追求科学真理，不被权威唬住、不被经验捆住、不被困难吓住，谁就最有希望脱颖而出。

青年人要学蜜蜂见花勤采心里甜，莫学苍蝇闻臭就钻满身臭；要学煤炭一声不吭为人民贡献全部热量，莫学麦秆刚燃着就吱吱喳喳叫个不停。

青年人对自己从事的事业要爱得热，爱得切，爱得执著，爱得痴迷。因为“书痴文必工，艺痴技必良”，只有热爱，才能产生信心，产生智慧，产生毅力，才会冲破逆水行舟的诸般阻力，一步步到达理想的彼岸。

青年人好比花草，细心照料会长成美丽的花朵，任其发展则可能成为一丛荒草。

青年人在岁月面前，不应在成功的喜悦中久久徜徉，也别对失败耿耿难忘；不要为玫瑰梦的失落而忧郁，也无需再去为久已尘封的梦幻而悲伤。热爱岁月，直面人生，生命将美丽而辉煌。

青年人来到世上直面人生，既会看到鲜花，也会发现蛆虫。切莫为鲜花所陶醉，也不必因蛆虫而皱眉。要紧的是用双手去创造新的、光辉的生活。

青年人应直面人生的落差：当你站在高处时，不洋洋自得；当你跌入低谷时，须奋力拼搏。这样，你的青春将更加灿烂，你的生命将更加壮丽。

青年人不能老是沉湎于琼瑶的梦幻、三毛的超脱和席慕容的清丽，不能老是倾慕高仓健的刚毅、佐罗的侠胆和阿兰德龙的抬头纹。请相信自己吧，用力的构筑，智的凝聚和美的旋律，充满自信地迈向前方。

青年时期是人生的春天，但它和自然界的春天不同，一旦逝去，就再也不会重现。

青年时期最好是少讲舒适享受，而多找一些苦吃。

青年时期是豁达的时期，应该利用这个时期养成自己豁达的性格。

青年特别需要的是坚定，不论外界怎样变化，自己都应保持乐观向上的精神。

青年在人际交往中应做到：坦诚但不粗率，热情但不失态，谦逊但不虚假，谨慎但不拘泥，活泼但不轻浮。

青年切莫在舞池、酒桌和“方城”中沉溺，把大好时光虚掷；金钱固然重要，但雄鹰的翅膀无需承载黄金的沉重。

青年的座右铭：每一天都是一年中最好的日子。

青年的朝气如果已经消失，前进不止的好奇心已经衰退以后，人生就没有意义。

女青年最需要的是自立，最重要的是自爱，最可贵的是自强，最难得的是自拔。

对于青年，已失去的不需要忏悔，因为我们那时还幼稚；

已获得的不应该留恋，因为我们现在更成熟。

没有青年地位的民族是“夕阳”的民族，没有青年活力的时代是沉寂的时代，没有青年参加的变革是无望的变革。

鼓起心头的风帆，唤起青春的激情，奏起欢乐的乐章，去开拓、去追求、去奋斗、去拼搏，这就是当代青年的性格。

21世纪的召唤，历史与人民的重托，使当代青年的价值与形象在时代的风景线上升华，在未来的大屏幕上定格。

春天是美的，色彩绚烂；春天是动的，彩羽翩翩。青年正值生命的春天，快展开理想的彩翼起飞吧！

春天是碧绿的天地，秋天是黄金的世界，青年人应该用青春的绿色去酿造丰硕的金秋。

在江河中航行，不会不遇上风浪；在崎岖的山路上攀登，不会不遇到荆棘。青年人在人生之路上，应大无畏地去搏击风浪，披荆斩棘，去开辟人生的新天地。

像雄鹰搏击长空，像大江汹涌奔流。青年应追求一个壮丽的人生，为华夏崛起而忘我奋斗！

在事业和工作上获得成功的杰出青年，应该具备以下条件：对自己所从事的工作和事业都十分热爱并全力去做；有强烈的进取心，脚踏实地，勤恳过人；个性强，能够以理服人；自信心很强，不畏首畏尾；精力充沛，活动能力强；具有一往无前的勇气，定下目标并全力去实现；具有挑战性，不墨守成规；注重道义，永远不以卑劣手段去获取并不属于自己的利益。青年人若想成功，首要的是培养优秀的品质，应该从日常小事的一点一滴做起。

在雨露里孕育成的花蕾，从太阳中吮吸光辉，并将万紫千红献给祖国——这，就是青年的共同心愿。

美，美不过草原；宽，宽不过蓝天；深，深不过大海。青年的心胸，应如草原一样美丽，像蓝天一样宽广，似大海一样深邃。

海是伟大的，因为它能容纳千江万河；海又是平凡的，因为它来源于一点一滴。有志青年应像大海一样，集伟大和平凡于一身。

燧石在敲打中发光，钢铁在熔炉中成器，青年在锻炼中成才。

危机感对于勇于开拓的青年来说，是事业上的“催化剂”，而对悲观厌世的人来说，则是无情的“绊马索”。

我们是跨世纪的一代青年，生命的旺盛和冲刺的辉煌都在我们身上汇合。生命的旺盛，使我们跑在时代的前列；冲刺的辉煌，使我们托举起新世纪的太阳。

搏击着惊涛狂澜，翱翔于奔雷闪电，这就是海燕，这就是当今有志的青年。

没有目标的生活，如同没有舵的舟船，在海中东漂西荡，总是到不了彼岸；没有志向的青年，如同断了线的风筝，在空中东摇西晃，最后丧失了前程。

哪个青年不希望自己英俊、潇洒？然而，只有既注重外表美的修饰，又注重内在美的修养，才能如愿以偿。

每个有志青年要热爱自己为人民服务的本职岗位，要对自己所从事的事业如痴如迷，执著追求。因为只有这样，精神才有所寄托，困难才得以克服，高峰才可能攀登，人生才显得充实。

一个有志青年要不虚掷年华，有所作为，就要甘于寂寞，在寂寞中立志，在寂寞中奋发，在寂寞中走向有鲜花和掌声的远方。

奋发有为的青年，应如一棵小草，生长在万花丛中，装点着万紫千红；要像一滴海水，汇合在汪洋之中，推动着万顷波涛。

每个青年都有自己的青春琴弦，而只有当与祖国振兴的主旋律交汇在一起的时候，自己的琴弦才能奏出雄壮激越的乐章和乐曲。

跳高运动员奋起一跃，跨过一个高度，就把横杆升向又一个高度。有志青年在征途上只有起点，没有顶点，应当发扬继续革命的精神，不断跃向新的高度。

跨栏运动员不畏前进道路上的重重障碍，随着砰的一声枪响，迎着困难，冲破阻挡，去夺取胜利；有志青年就像跨栏运动员那样，祖国一声令下，便下定决心，排除万难，为中华腾飞而勇往直前。

一个青年若错过了生命的春天，那么，他很可能歉收一辈子。

海燕勇于在暴风骤雨中搏击翱翔，山鹰敢在奇峰峡谷中破雾穿行，有志青年只有不迷恋于小家庭，不安居于温室，才有可能像海燕那样勇敢，像山鹰那样刚强。

春笋把志向立在蓝天，哪怕磨破头顶也要实现自己的夙愿；青年把目标选在明天，只要坚韧不拔地走下去，一定能达到光辉的顶点。

身体是“载知识之车”。学习和锻炼对于青年同等重要。一个体魄欠佳的人是难以实现其美好愿望的。

一个人的历史，可以用“昨天、今天、明天”写就。一个有志青年，回首昨天，应该是问心无愧的；面对今天，应该是倍加珍惜的；展望明天，应该是信心百倍的。

“宝剑锋从磨砺出，梅花香自苦寒来”。一个有志青年应该吃常人不能吃的苦，忍常人不能忍的气，做常人不能做的事。

有生命力的种子，不挑剔播撒的土壤；有信念的青年，不计较生息的环境。

有生命力的种子不甘于长眠在泥土里；有抱负的青年不陶醉在成功中。

在祖国这条启碇扬帆的大船上，青年不是悠闲的乘客，应是迎风斗浪的水手。

今天的年轻人应该是敏捷而不失稳重，沉静而不失聪慧，渊博而不流于陈腐，活跃而不流于浮躁。

说年轻人像早晨的太阳，是说青春富有生命力和创造力。而早晨的太阳属于每天的那一黄金般的时刻；青春在人生的影集里却不会重复。

年轻并不意味着二十岁年龄。对这个世界上每件不合理的东西都感到激动的人便是年轻的。

有人说，你们像星星；有人说，你们像芳草；有人把你们比作浪花；有人把你们比作音符。啊，年轻的伙伴们，还能把你们比做什么呢？是星星就要组成欢乐的星座，是芳草就要点缀青春的世界，是浪花就要奔向生活的大海，是音符就要高唱奋斗的战歌。

太阳每天都是新的，生活每天都是新的，事业每天都是新的，爱情每天都是新的……只要心儿永远年轻，这一切也就不会衰老。

八、军旅之页

军旅是一座熔炉，冶炼了军人的意志，纯洁了军人的灵魂，锻造了军人的理想，使军人的追求在绿色中升华。

军营像一座铸造厂，即便是次钢劣铁，只要经得起烧锻，也能被熔铸成优质钢。

珍惜在绿色军营的好时光，让它成为自己人生路上一个永恒的亮点。

军营是理想奋飞的跑道，只有经过艰苦磨砺，才能插上理想的翅膀。

军人寻求的是镰刀和铁锤一样的精神。因为镰刀收割成熟，铁锤扎实坚定。

军人，这是个威严的字眼，通常，人们只在一般的意义上理解它为服从。其实，军人意味着奉献、责任、坚定和牺牲。

军人作奉献，不能有杂念。在祖国母亲面前，我们不能在举起保卫她的拳头的同时，又伸出一只索取的手。

军人不应是赤膊上阵的草莽，也不应是谨小慎微的庸夫，而应是勇敢和智慧的结合体。

军人的魅力就在于，他沉默时像枪，发言时也像枪。

军人不只是在血与火的战场上才显得高大，在平凡的岗位上也能闪烁出灿烂光华。

军人的血脉里流淌着奉献和牺牲，战士在用警惕塑造祖国的界碑，用献身铺筑人民的幸福之路。

当代军人的风采不仅在于庄严的军装、闪亮的帽徽，健美的体魄、端庄的举止，整洁的仪表、严谨的风纪，更在于美好的心灵——默默的耕耘、无私的奉献、忘我的牺牲。

铁锚在大海中实现价值，军人在奉献中完善自我。

荣誉是军人奋发进取的推动力，而不是军人享受的“功劳簿”。

是花，就做腊梅，傲然怒放在寒冬季节；是果，就做无花果，成熟在金风阵阵的十月；是草，就做骆驼草，生长在漠漠的沙丘；是军人，就做钢铁长城一砖石，固守在国门。

胸无大志，依恋家门的人不是男子汉；惧怕艰苦，不愿守国门的兵不是好军人。

在战争面前你是军人，在敌人面前你是战士，在人民面前你是儿子，在祖国面前你是卫士。

雁美在空中，花美在丛中，山美在云中，革命军人的美在为人民作出的牺牲中。

历史把最悲壮的篇章留给军人书写；生活把最枯燥的旋律交给军人弹奏；命运把最艰难的道路送给军人跋涉。

军衔不是军人的饰物；它是人民放在军人肩上的重担，是祖国赋予军人的重任；它意味着军人就要勇于奉献和牺牲。

战士用双手把太阳捧给祖国，祖国永远铭记战士的忠诚。

战士应该像轮船的螺旋桨，不怕埋没自己，让生命扬起波浪。

战士和树木有着共同的特点——四海为家，立地生根；战士和树木有着共同的性格——有限的索求，无私的奉献。

战士，在革命的征途上，眼睛要始终盯紧进攻或逃窜的敌人，而决不能顾暇敌人丢弃的银元。

战士，多么崇高伟大的字眼。然而，战士与战士是大不相同的。那攻城略地之后潮水般前进的队伍中的战士和那冒着枪林弹雨匍匐前进的战士，几乎是两种人。真正的战士，崇高伟大的战士，常常与“战死”的命运结缘。

战士像一根焊条，一经电的触击，迸发出生命的火花，连钢接铁，搭桥支架，毫无保留地献给伟大的事业。

如果世界上都是春天，还要我们军人干什么？如果世界上没有困难，还要我们战士干什么？

是战士，决不能放下武器，哪怕是一分钟；要革命，决不能止步不前，哪怕面对刀丛。

燧石在敲打中发光，钢铁在熔炉中冶炼，战士在风浪中成长。

祖国是一丛永不凋谢的鲜花，战士是一片永不变色的绿叶。

戍边虽苦，却能换来亿万人民的幸福；哨所虽小，却是伟大祖国的耳目；战士虽平凡，却能为祖国的繁荣昌盛增添一丝绿。

蜡烛燃烧自己是为了照亮别人，战士无私奉献是为了祖国安宁。

大雁的家在翅膀上，哪儿温暖往哪儿飞；燕子的家在嘴尖上，哪儿舒适往哪儿垒；战士的家在脚板上，哪儿需要往哪儿奔。

风筝在蓝天翱翔，离不了引线的牵扯；战士在军营成长，离不开纪律的约束。

茫茫戈壁呼唤着绿色，战士愿把生命的根扎在这儿，并且用青春的彩笔描绘最新最美的图画。

如果你曾经认真地进行过思索，必然会找到这样一个答案：爱祖国是战士最崇高的爱情。

小溪不以涓细而停止向海奔流，战士不因位卑而忘却替国分忧。

花儿得益于在春风中开放，雄鹰骄傲于在蓝天上翱翔，战士自豪于守卫在祖国的边疆。

大海的浩瀚，是因为容纳了千江万河；战士的博大，是因为胸中装着祖国。

朝阳垂青于露珠的晶莹，人民喜爱战士的忠诚。

混凝土的坚硬，要靠钢筋来支撑；战士的坚定，要靠理想来支撑。

和平、安宁和幸福，含有战士的奉献。

风平浪静的港湾，练不出强悍的水手；安逸舒适的环境，养不成战士的性格。

简朴证明着战士的富有，牺牲标志着战士的伟大。

每一个战士，都是天上的一颗星；虽然很微小，但都能在自己的岗位上发出光亮来。

为国捐躯，是属于战士最高的光荣。

一个战士，就是一个青春的化身；无数个战士的青春，就是国威、军威的化身。

作家用笔墨描绘生活，战士用生命雕塑祖国。

哪里最苦，哪里就有战士的笑容；哪里最累，哪里就有战士的歌声；哪里是战场，哪里就流有战士的热血。

土地把养料贡献给大树时，并没有盘算着索取；战士把青春奉献给祖国时，并没有考虑得失。

我爱花，更爱培育花的园丁；我爱幸福的生活，更爱保卫幸福生活的战士。

我要为那闪光的道钉，唱一首赞歌。革命战士应该像道钉那样，忠于职守，永不生锈，永不松劲，为祖国和人民做出我们应有的贡献。

树根深入大地，是为了大树的繁茂；战士扎根边陲，是为了祖国的安宁。

雄鹰翱翔蓝天，不能没有翅膀；战士驾驭生活，不能没有理想。

小草永不抱怨土地的贫瘠，哪里能够安身，就在哪里生长；战士永不抱怨条件的艰苦，哪里需要，就在哪里扎根。

小草的位置，就是装扮大地；士兵的职责，就是守卫祖国每一寸土地。

只因爱世上所有美好的，才去恨世上一切罪恶的。两者的结合体就是一名正义的士兵。

战争是一部“高倍显微镜”。军人的一切素质都将接受它的验证。

战争不承认遗憾。在血与火面前，成熟的军人总是怀着坚定的敌死我生的信念。

一场赢来容易的战争，胜了也没什么光彩。

训练场上的考官虽然严厉得近乎苛刻，但更严厉的考官是战争。在它面前，士兵和将军都是普通的考生，要么被无情地淘汰，要么被授予闪光的勋章。

绿色的戎装，绿色的情怀，构成了我绿色的世界。我愿终生为它耕耘，为它奉献。

绿色是祖国给我的礼物，我愿把它化作青春奉还给祖国。

大漠、高山、界标，巡逻、瞭望、潜伏。风沙赋予我们成熟与勇敢，大漠赐给我们坚强和自豪。理想、信念、追求，将在绿色的营地铸就不朽的军魂。

漂亮是女孩的骄傲；国防绿是军人的特色；奉献是我们坚定不移的志向。

用军装的草绿，青春的红液，编织一群春天的鸽子，铸在时代的雕像上，组成历史辉煌的碑文。

即使只有一点绿，小草也要把它献给春天；即使只有一分爱，战士也要把它献给祖国。

当我把青春染成绿色的时候，在我的世界里又平添了一份庄重。

用青春的热血振我军威，用知识和智慧壮我国魂。

谁说春风不度玉门关，那一代代戍边军人奉献的青春，把春天永远留在了祖国边陲。

我们用双手，像打字一样敲打人生的键盘，把青春与奉献填满军旅的档案。

把青春留给军营，用奉献描绘人生。

把女儿的温柔，加入刚强的意志，用刚柔之躯擎起和平。

每当我身披月光走上神圣的哨位，心中就充满着无比的自豪和骄傲。因为，我身后是伟大的祖国，保卫的是万家幸福和安宁。

凯旋之后莫忘乎所以；失利回营不要垂头丧气。

我爱绿色的小草，更爱绿色的边防哨所，因为绿色是生命、是和平，我愿在这绿色里挥洒自己的青春热血。

我爱边疆巍峨的雄峰，因为它塑造了一尊尊顶天立地的英雄群像；我爱边疆富饶的土地，因为它培育了无数新一代戍边将士。

我愿做一棵无名小草，为祖国边陲的繁荣昌盛增添一丝春色。

祖国边防有一条绿色长城，我就是长城脚下的一块基石，为了他的庄严，我愿奉献青春、热血和生命。

九、教育天地

教师是面旗帜，能给学生以榜样的力量；学生是面镜子，能折射出教师的全部为人。

教师是心灵的建筑师，他的价值在于告诉人们："命运的建筑师不是他人，而是自己。"

教师是美的发明家，美的创造者和开拓者。

教师，是值得骄傲的职业；教育人，是艺术中的艺术。

教师要有慧眼，不仅要看得宽，而且要看得深。教师的超人之处，在于一览大千世界，又明察秋毫之末。

教师和明天最贴近。为了明天，为了未来，教师要奉献出自己的一切。

教师应成为教育艺术家，应不断地追求美、创造美、展示美，用美来感染人、陶冶人、震撼人、征服人。

教师像永写不败的笔，学生就是那由心血凝成的诗。日积月累，我们将拥有一部世上最美的诗集。

教师不能只满足于教授知识，教师既要教书，又要育人。只教书不育人，充其量不过是个教书匠。

教师的严厉比父母的宠爱有益。

平庸的教师，只是让学生学会；杰出的教师，是让学生会学。平庸的教师，是向学生奉献真理；杰出的教师，引导学生追求真理。

粉笔在黑板上走完生命的全程，不计较是否留下足迹而默默奉献；教师在讲坛上耕耘一生，不讲求得到什么而甘为人梯。

粉笔为了在黑板上留下洁白的笔迹，一点一点地消耗自己；教师为了桃李满天下，默默无闻地甘当学生的阶梯。

齿轮用身躯传递力量和速度；教师用心血和汗水浇灌理想和智慧。

石阶，可贵在使行路人踏上通途；老师就像层层石阶，可敬在让求知者踩着自己的双肩攀登高峰。

“师者，人之楷模。”教师若要建立威信，成为仿效的榜样，就要既忠诚教育，精通业务，又谨言慎行，垂范律己，实行“教书育人”与“为人师表”的完美结合。

用语言播种，用彩笔耕耘，用汗水浇灌，用心血滋润，这是人类灵魂工程师的崇高劳动。

当苗儿需要一杯水的时候，绝不送上一桶水；而当需要一桶水的时候，也绝不给予一杯水。适时、适量地给予，这是一个好园丁的技艺。

教育，即让你学许多甚至你从前都不知道自己还不懂的东西和知识。

擅长剔除玉之疵瑕的玉匠是巧匠；善于让学生的聪明才智、全部潜力得以最大发挥的教师是良师。

伯乐之所以成为伯乐，是因为他有相马的慧眼；园丁之所以谓之园丁，是因为他有乐于育花的精神。

选拔学生就好比种田选种，只有精筛细选出上乘的种子，才能开出绚丽的鲜花，结出丰硕的果实。

学校就是浩瀚的海洋，锐意进取者得到丰富的宝藏；孜孜不倦者有希望到达彼岸；碌碌无为者在海面随波逐流；怯懦懒惰者被海水无情埋葬。

教学应得法，无法难为师。思法不如摹法，摹法不如创法。有了自我总结提炼出来的实用教法，才能指导学生“双手推开窗前月，一石击破水中天”。

人们之所以把分数线称为魔方，是因为：把它编织起来就会束缚人们的手脚，把它展开则能帮助人们标定奋进的方向。

校园，像一首优美的乐曲，洋溢着跳动的节奏和明快的旋律，珍惜它的人会沿着青春的五线谱，踏上一条金子般闪光的路。

给学生现成的答案，就像沙滩上的印痕；启发学生自己寻求的结论，才如巨石上的雕刻。

幼儿的心地，就像松软的新田，柔柔的春雨润得很深，而急风暴雨只会使土地滂沱、板结、干裂。作为父母，不能光有感情，还需要理智。没有感情，是荒漠；有感情而没有理智，则是沼泽。

十、务实求真

风帆不挂上桅杆，是一块无用的布；理想不付诸行动，是虚无缥渺的雾。

只有理想而没有行动的人，只能在梦幻中得到安慰。

雄鹰不管飞得多么高，其起点总是地面。理想不管多么远大，其基础应当是现实。

现实是此岸，理想是彼岸，中间隔着湍急的河流，行动就是架在上面的桥梁。

坚实的迈步比动听的言词更重要，因为要登上成功的阶梯，必须走完从说到做的距离。

一个人应该是在一个具体的岗位上谈生活、谈追求。离开了现实，不脚踏实地，任何人都将一事无成。

想壮志凌云，须脚踏实地。

不切实际的高调，弹奏得再激昂慷慨，也不会在人民的心中引起反响。而勤勤恳恳为人民不懈地劳动，虽然没有什么声响，但他那清晰而深沉的呼吸，却在人民的心灵中引起深深的共鸣。

一个不想趟过小河的人，自然不会远涉重洋；一个不愿从小事做起的人，自然也做不了大事。

事实从来不用彩霞涂抹自己，也从来不让乌云遮盖自己。

聪明的人把希望寄托在行动上，愚蠢的人把希望寄托在幻想上。

后悔一千次，不如脚踏实地奋斗一次；叹息一千次，不如鼓足勇气拼搏一次。

一万个零抵不上一个一，一万次空想抵不上一次实干；但如果把零放在一后面，把理想和实干结合起来，就会获得丰硕成果。

在波涛汹涌的大海里停泊，舰船能稳如泰山，是因为有锚。小小的铁锚之所以有这样巨大的力量，是因为它深扎在海底。

不轻浮——是锚的高尚品质；

抓得紧——是锚的精神写照；

扎得牢——是锚的力量所在。

狂风能卷起戈壁滩上的万顷沙石，却不能拔去昆仑山上一棵小草；把生活的根深扎在群众之中，一个人就不会随风飘摇。

离开实践，科学之树将枯萎；离开生活，生命之花将凋零。

美貌随着岁月流逝会逐渐消失，才干随着实践发展会与日俱增。

天平是轻重的衡量器，实践是是非的试金石。

牛皮吹得比天大，毕竟是空的；工作干得再细小，总归是实的。

对着月亮发誓，不如顶着太阳干事。

与其在梦中拥有太阳，不如迈开脚步去追赶太阳，伸出双手去托起太阳。

机遇对于每个人都是公平的，她不在等待中出现，更不在幻想中到来，她永远偏爱那些充实而有准备的人们。

老是叹息“怀才不遇”，却又不屑做一点有益于社会、有益于人民的具体工作的人，他们的“大志”多半是要落空的。

沉下去吧，沉到生活的激流中，做一块棱角分明的砺石；莫像葫芦做的瓢，总浮在水面上。

无花果从来也不开炫耀自己的花，然而它却埋头苦干、扎扎实实地结出丰硕的果。

光说不做是因为说比做容易，而做要付出劳动、艰辛、甚至牺牲。唯其如此，脚踏实地做事的人才赢得人们的尊敬。

说的是一套，做的是另一套的人，其实说是为了掩盖做，而做是为了歪曲说，这种人只会受到人们的鄙弃。

我们的世界不是语言创造的，而是劳动创造的。劳动是世界上一切快乐、一切美好东西的源泉。

伟大不是“天才”一挥而就的成果，而是无数个“平凡”垒起的丰碑，是淳朴与智慧、知识与汗水的结晶。

把幻想变为现实，其路程是遥远的，但它的起点就在我们脚下。

脑袋长在自己脖子上；路，就在自己脚下。

说出来的决心比不上做出来的行动；讲出来的承诺比不上做出来的实事。

对着夕阳发誓一百次，不如迎着朝阳干一次。

不付诸行动的宣言，其价值同梦呓一样无聊。

十一、求索创造

探索者视真理为生命，愚昧者视真理为暴君。

探索的小径是狭窄的，而创新的奇景正是在狭窄中展现的；模仿的大路是通畅的，但单纯模仿的东西终因通畅而缺乏魅力。

知足，如同一根受潮的火柴，是怎么也难把人们前进的火焰点燃的。不知足，才能鞭策人们去不懈地进行新的探索，新的开拓。从这个意义上说，不知足者永乐。

田园需要辛勤的耕耘，知识需要不懈的探索。

在探索科学知识的道路上，不像游览风景胜地那样安逸，也不像顺水推舟那样轻松。在学问这架天平上，唯有心血才是顶起辉煌成果的砝码。

如果把探求知识比作深海采贝，那么，徜徉岸边者只能收获愚昧。

不探索的成功是侥幸，而探索中的失败是财富。

在柔软的海滩上，可以毫不费力地拣到各式各样的贝壳。然而，索取贵重的珍珠却必须潜到深海。

不要把求索的网只撒向平静的湖、窄浅的河，要勇敢地把网撒向大海，在那里，得到的将是闪光的丰收。

纵然是科学的迷宫也总有通行的路径；但对浅薄的造访者每条路都严禁通行。

思索，是勘探的重锤，叩击知识宝矿的大门；思索，是导航的路标，指引人们驶向智慧的彼岸；思索，是创新的门窗，没有它，成功的阳光就射不进来。善于思索，是求知者人生最大的乐趣。

思索，是知识的窗户，是才能的马达，是创新的钻机；思索，可磨砺思想的锋刃，可浇铸智慧的大钟，可锃亮信念的犁铧。

思索的水滴能穿透愚昧的顽石，思索的阳光能融化疑难的冰雪，思索的种子能结出丰硕的果实，思索的燧石能迸发创造的火星，思索的蓓蕾能绽开理想的花朵，思索的清泉能喷涌智慧的水流，思索的钥匙能打开知识的宝库。

谁不用脑子去思索，到头来，他除了感觉之外将一无所有。

质疑是求知之道，而思索则是获得智慧的根本。

无所用心的安逸窒息人的思想，而苦恼的思考常常孕育着丰硕的精神之果。

愚者思考的特点是把简单问题复杂化，智者思考的绝招是把复杂问题简单化。

书本只能把我们带到知识的瀚海，而思考却能帮我们扬帆远航。

追求本身就是对旧东西的否定，否定本身就是超越，超越本身就是人生的升华。

要对某一事物做出答案和结论，需要敏锐的观察能力和寻根究底的钻研精神，这两者的前提都源于对真理和事业的执著追求。

只要不懈地追求，即使曾是搁浅的小舟，照样可以追随百舸，驶抵光明的彼岸；即使曾是落伍的孤雁，依然能够追上远征的伙伴，飞上万里云天。

开拓者，虽饱尝辛酸，获得的是香甜的果实；享受者，虽逍遥自在，却终生碌碌无为。

开拓者面临宽广的大地，耕耘者面临丰收的沃土，后退者的身后是百丈悬崖。

荆棘、坎坷是磨砺开拓者意志的砺石；激流、暗礁是锤炼弄潮儿信念的熔炉。

雏鸡缺乏啄破蛋壳的勇气，便无法获得新生；开拓者不敢突破传统的束缚，就不能辟出新路。

流溪没有时间歇息是因为它急于奔波；志士没有时间叹息是因为他忙于开拓。

没有路的地方才需要路，才需要开拓者的胆魄与才识。荆棘也好，危岩也好，勇敢地跨过去，除此，你别无选择。路在脚下，这便是筑路者给我们的永恒的启示。

请不要把你的棱角磨平，因为开拓需要利剑。

即使我遇到一百次的失败，我仍然会有一百零一次的追求。让别人去作生活的骄子吧！我的使命永远是开拓。

勇于开拓者，即使倒下了，也是一首悲壮的诗。

挫折和失败对于平庸者来说是无情的“绊马索”，对于开拓者来说却是事业上的“催化剂”。

生活的开拓者不比享受者富有，但比享受者更充实.

有一颗追寻的心，才会有两条超越的腿；有一双探求的眼，才会有两只创造的手。

创造是生命，模仿是死亡。世界每种职业都有改进的余地，有创造精神的人，永远不患无用武之地。

创造时我接近了世界，正像我插秧时贴近了田野。不创造时我疏远了世界，正像我在幻梦中总是高翔于天外的云空。

相信创造自己，远比证明自己重要。

有生活的地方，就会有宝藏；有创造的地方，就会有快乐。

没有创造的守业是一种懒惰。

创业者手上的茧花是朴实的赞美诗。

顽强创业时是一种甜蜜的痛苦，创业成功后是一种痛苦的甜蜜。

创新者从不把自己停留在一个句号上，而是携带着一个又一个的问号，行进在无止境的探索路上。

创新如同分娩，也许伴随最痛苦呻吟之时，正孕育着一个美妙无比的新生。

每个人的潜能都是一座丰富的矿藏，只要肯发掘，便能释放出巨大的能量。